浙江省中等职业教育示范建设课程改革创新教材

Photoshop 网店装修

练水斌　主编

顾桃红　刘正曜
　　　　　　　副主编
姚晓英　曾少梅

科学出版社
北　京

内 容 简 介

　　本书根据编者多年的教学与实践经验编写而成，以淘宝店铺装修过程中常见的设计方法为主线，重点介绍利用Photoshop CS5进行网店装修的基本技能，以帮助各网店卖家掌握店铺设计与装修的方法，达到更好地管理、经营自己的淘宝店铺的目的。

　　本书共7个单元，具体包括 Photoshop快速入门、简单处理网店商品、商品抠图、网店文字制作、店铺海报设计、网店首页制作和商品详情页制作。全书内容丰富，包含多个实例及相关的素材和效果文件，读者学习后可以举一反三、融会贯通，设计出更多精彩的网店装修效果。

　　本书可以作为中等职业学校计算机平面设计或电子商务等专业的教材，也可供网页美术设计爱好者参考。

图书在版编目（CIP）数据

Photoshop 网店装修 / 练水斌主编. —北京：科学出版社，2017
（浙江省中等职业教育示范建设课程改革创新教材）
ISBN 978-7-03-050327-5

Ⅰ. ① P⋯　Ⅱ. ① 练⋯　Ⅲ. ① 图像处理软件　Ⅳ. ① TP391.41

中国版本图书馆CIP数据核字（2016）第258059号

责任编辑：陈砺川　王会明 ／责任校对：刘玉靖
责任印制：吕春珉／封面设计：东方人华设计部

科学出版社 出版

北京东黄城根北街16号
邮政编码：100717
http://www.sciencep.com

三河市骏杰印刷有限公司印刷

科学出版社发行　　各地新华书店经销

＊

2017年3月第　一　版　　开本：787×1092 1/16
2017年3月第一次印刷　　印张：9 1/4
字数：180 000

定价：39.80元

（如有印装质量问题，我社负责调换〈骏杰〉）

销售部电话 010-62136230　编辑部电话 010-62135397-2052

版权所有，侵权必究

前言 PREFACE

本书集Photoshop 软件学习与淘宝网店装修设计于一体，结合编者多年的网店装修设计与实战经验，从实用的角度出发，通过Photoshop软件与网店装修设计相结合的实例操作，帮助读者设计与制作一个属于自己的、具有独特风格的网店。

本书的编写特点如下。

1. 针对性强

本书切实从中等职业学校学生实际出发，以通俗易懂的语言和丰富的图示进行说明，不强调学生难以理解的理论和概念，主要介绍Photoshop软件相关的操作技能技巧，培养学生独立解决问题的能力。

2. 案例丰富

为了使学生能够学以致用，快速上手，本书的所有实例均取自网店装修过程中经常遇到的实际工作内容。书中提供多个实例，以理论与实例相结合的方式进行网店装修的实战演绎，以达到让学生边学边用的目的。

3. 知识全面

本书的大量实例应用蕴含了 Photoshop的大部分图像处理技巧。通过学习，学生能够迅速掌握网店装修过程中的制作特点和制作技术，快速提升软件应用技能和设计水平，达到事半功倍的学习效果。

4. 全套资源奉献

为了方便学习，提高效率，本书收录了每个实例所需的源文件和相关素材（可到科学出版社提供的www.abook.cn网站下载使用），希望学生在进行全面学习的同时，能更多地关注本书实例中所包含的制作思路和技巧，达到举一反三的目的。

本书建议教学课时为68课时，各项目课时分配参考下表。

单元	课程内容	课时
1	Photoshop快速入门	10
2	简单处理网店商品	8
3	商品抠图	6
4	网店文字制作	10
5	综合实例——店铺海报设计	10
6	综合实例——网店首页制作	12
7	综合实例——商品详情页制作	12
总计		68

本书由练水斌任主编并负责全书统稿，其中单元1、单元2由刘正曜、方伟林编写，单元3由曾少梅编写，单元4由练水斌编写，单元5由林梅编写，单元6由顾桃红编写，单元7由姚晓英编写。

由于编者水平有限，书中难免存在疏漏之处，期望广大读者提出批评和建议，以便进一步完善。

编　者

2016年10月

目录 CONTENTS

单元 1

Photoshop 快速入门

单元简介

本单元主要介绍 Photoshop CS5 图像处理的基础知识，为后面单元的学习打基础。通过本单元的学习，学生可以对 Photoshop CS5 的各种功能有一个全面、大体的了解，能够在图像的制作过程中快速定位，并应用相应的知识完成图像的制作任务。本单元的主要内容如下。

1. 认识 Photoshop 界面。

2. 了解工具箱。

3. 认识图层。

4. 文件的基本操作。

5. 标尺和参考线。

1-1　认识Photoshop界面

熟悉工作界面是学习Photoshop CS5的基础。熟练掌握工作界面有助于初学者快速驾驭Photoshop CS5。Photoshop CS5的工作界面主要由标题栏、菜单栏、属性栏、工具箱、控制面板和状态栏组成，如图1-1所示。

图 1-1　Photoshop CS5 界面

1. 工作界面说明

以图1-1中Photoshop CS5的界面为例，图中所标示区域的作用如表1-1所示。

表1-1　界面说明

名　称	说　明
标题栏	位于主窗口顶端，最左边是 Photoshop 标记，右边分别是最小化、最大化/还原和关闭按钮
菜单栏	菜单栏中共包含 11 个菜单命令。利用相应的功能命令可以完成对图像的编辑、调整色彩、添加滤镜效果等操作
属性栏	属性栏是工具箱中各个工具的扩展功能。通过设置不同的选项，可快速地用工具实现多样化的效果
工具箱	工具箱中包含多个工具。利用不同的工具可以完成对图像的绘制、选取、变换等操作
状态栏	状态栏显示当前显示放大百分比、文件的大小、当前使用的工具、暂存盘大小等提示信息
控制面板	控制面板是 Photoshop CS5 的重要组成部分，可以进行设置图层、添加样式、选取颜色等操作

2. 面板的显示和隐藏

打开Photoshop软件时，默认显示了若干个控制面板。在"窗口"菜单可以启用或关闭若干控制面板，如图1-2所示。

3. 面板的移动和组合

在编辑过程中，根据需要，可以按住鼠标左键，将面板移至合适的位置，如图1-3所示。

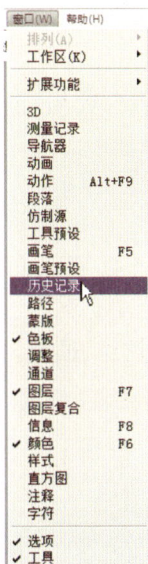

图 1-2 "窗口"菜单

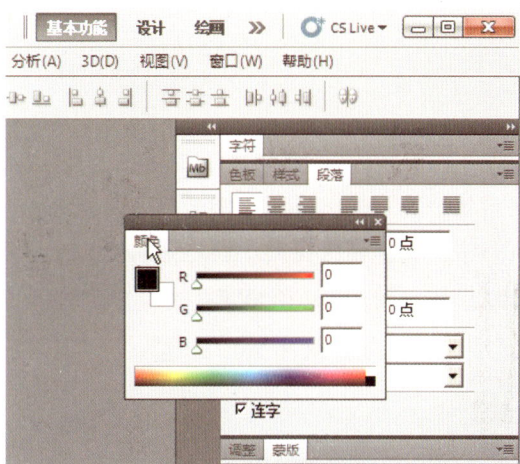

图 1-3 移动面板

也可以根据需要将某个面板与其他面板组合在一起，如图1-4所示。

4. 自定义工作区

控制面板是处理图像时不可或缺的部分。Photoshop CS5提供了多个控制面板组，合理地安排面板组能提高编辑处理图像的效率。

软件预设了名为"基本功能""设计""绘画""摄影"等的若干个面板工具的组合方式，如图1-5所示。用户可以自定义工作区来个性化Photoshop CS5的界面。设置工作区后，选择 "窗口"→"工作区"→"新建工作区"命令，弹出"新建工作区"对话框，输入工作区名称，如图1-6所示，单击"存储"按钮，即可将自定义工作区存储。

图 1-4 组合面板

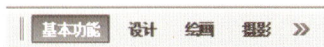

图 1-5 面板工具组合

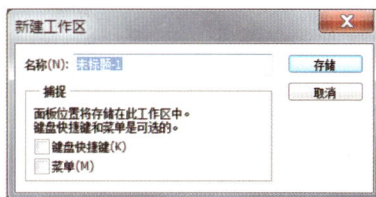

图 1-6 输入工作区名称

部分控制面板的打开和关闭有对应的快捷键。例如，按F6键显示或隐藏"颜色"控制面板，按F7键显示或隐藏"图层"控制面板，按F8键显示或隐藏"信息"控制面板，按F8键显示或隐藏"图层"控制面板。双击控制面板的选项卡，可以隐藏面板内容，只显示选项卡，单击可恢复显示。

按住Tab键可以隐藏所有浮动面板和工具箱；按Shift+Tab组合键可隐藏所有浮动面板，并保留工具箱的显示。

1-2　了解工具箱

Photoshop CS5的工具箱包括快速选择工具、画笔工具、快速蒙版工具等，如图1-7所示（要了解每个工具的名称，只需要将鼠标指针放置于具体工具图标上方，此时会显示出工具对应的中文名称和快捷键，通过按快捷键可以快速地在工具之间进行切换）。

1. 切换工具箱的显示状态

单击工具箱上方的双箭头图标 ▶▶，可切换工具箱的显示效果，如图1-8和图1-9所示。

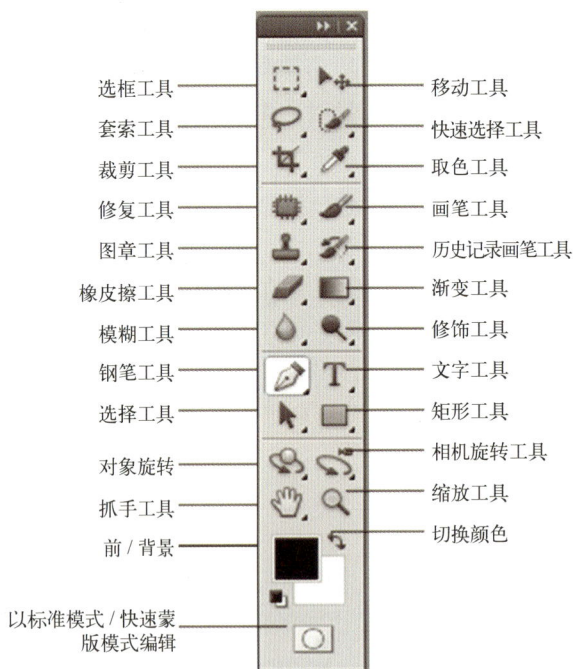

选框工具　　　　　　移动工具
套索工具　　　　　　快速选择工具
裁剪工具　　　　　　取色工具
修复工具　　　　　　画笔工具
图章工具　　　　　　历史记录画笔工具
橡皮擦工具　　　　　渐变工具
模糊工具　　　　　　修饰工具
钢笔工具　　　　　　文字工具
选择工具　　　　　　矩形工具
对象旋转　　　　　　相机旋转工具
抓手工具　　　　　　缩放工具
前/背景　　　　　　　切换颜色
以标准模式/快速蒙
版模式编辑

图1-7　工具箱

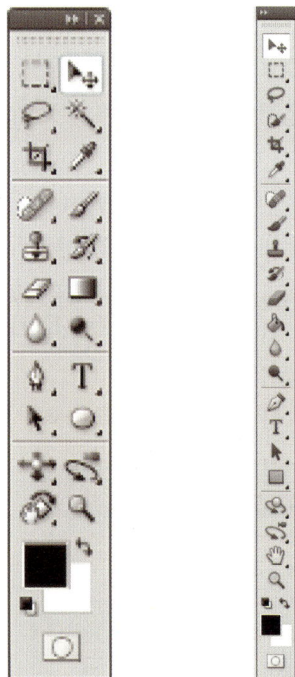

图1-8　切换工具箱的显示状态（一）　　图1-9　切换工具箱的显示状态（二）

2．显示隐藏工具

工具箱中部分工具的右下角有一个黑色的小三角 ▰，单击此类工具图标，并按住鼠标左键，即可弹出隐藏的工具选项，接下来将鼠标指针移到相应工具的图标上,可选择该工具，如图1-10所示。

3．恢复工具箱的默认设置

选择一个工具，在工具属性栏中右击工具图标，在弹出菜单中选择"复位工具"命令或者"复位所有工具"命令，如图1-11所示。

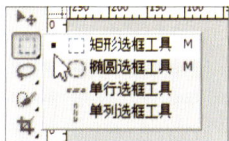

图 1-10　选择隐藏工具　　　　　　图 1-11　恢复工具箱的默认设置

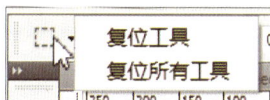

4．切换鼠标指针的显示状态

选择工具箱中的工具后，鼠标指针在图像上会变为工具图标，如选择裁剪工具 ✝ 后，按Caps Lock键，可以让鼠标指针在精准的十字图形 ✣ 和工具图标间来回切换。

5．工具箱中常用工具介绍

（1）移动工具

移动工具 ▸✛，它可以对Photoshop里的图层和对象进行移动。选中工具属性栏中"显示可变换控件"后，按住Shift键可以按比例移动和缩放，按住Alt键可中心缩放，按住右键可多样变换。

（2）选框工具

矩形选框工具 ▱，可对图像选一个矩形的选择范围。

椭圆选框工具 ◯，可以对图像选一个椭圆形的选择范围。

单行选框工具 ▰，可以对图像在水平方向选择一行像素。

单列选框工具 ▮，可以对图像在垂直方向选择一列像素。

（3）套索工具

套索工具 ◯，可按住鼠标左键拖动来选择一个不规则的选择范围，用于不精准的选择。

多边形套索工具 ▿，可用鼠标在图像上确定边界点选择需要的范围，可以用来对没有圆弧的图像进行勾边，字不能勾出弧线。

磁性套索工具 ▱，在工具头处会出现自动跟踪的线，这条线总是走向颜色与颜色的交界处，边界越明显磁力越强，首尾连接后可完成选择，一般用于选择颜色与颜色差别比较大的图像。

（4）快速选择工具

快速选择工具 ▱，它是智能化的选择工具，会自动判断边缘，只要在需选择的区域单击即可，但选择的内容边缘较粗糙。

魔棒工具 ，单击图像中的某颜色便可选择该颜色。可双击魔棒工具，在工具属性栏中调整容差度，数值越大，表示魔棒所选择的颜色差别越大，反之，颜色差别越小。

（5）裁剪工具

裁剪工具 ，可以对图像进行剪裁，选择后一般会在选择框四周出现8个节点，可按住鼠标左键拖动节点进行缩放及旋转，双击选择框或按Enter键即可以结束裁剪。

（6）取色工具

吸管工具 ，主要用来吸取图像中的某一种颜色，并将其变为前景色，一般在用到某种图像中存在的颜色，而在色板上又难以精确设置时，使用该工具。单击某颜色即可吸取颜色。使用画笔工具时可按Alt键取色。

颜色取样器工具 ，主要用于将图像的颜色组成进行对比，它只可以取出4个样点，每一个样点的颜色组成的RGB或CMYK等都在工具属性栏显示出来。该工具一般用于印刷工作。

（7）修复工具

污点修复画笔工具 ，用于修复处理污点、杂质等细节。可单击修复，也可涂抹区域修复。

修复画笔工具 ，它综合污点修复画笔工具和仿制图章工具的功能，能通过选取仿制源实现更精准的修复。

修补工具 ，用于修改有明显裂痕或污点等的图像。选择需要修复的选区，将其拖动到附近完好的区域方可实现修补。该工具用于修复大面积皱纹之类的区域。

（8）画笔工具

画笔工具 ，主要用于上色。右击，在弹出菜单中选择笔刷和笔头大小，颜色可在色板中选择，在工具属性栏中可调整透明度。

铅笔工具 ，选择该工具后，在图像内按住鼠标左键拖动，即可以画线。

颜色替换工具 ，按Alt键选取替换色后，画笔涂抹处颜色会变换为替换色。

混合器画笔工具 ，它综合涂抹工具和画笔工具的功能，用于绘画。

（9）图章工具

仿制图章工具 ，图像修复用，可以理解为局部复制。先按住Alt键，再单击图像中需要复制或要修复的取样点，之后在右边的画笔处选取一个适合的笔头，就可以修复图像了。

图案图章工具 ，它也是用来复制图像的，但与仿制图章工具有些不同，它要求先用矩形工具选择一个范围，在"编辑"菜单中选择"定义图案"命令，再选择合适的笔头，之后在图像中复制图案。

（10）橡皮擦工具

橡皮擦工具 ，主要用来擦除不必要的像素，如果擦除背景层，则背景色是什么色擦出来的就是什么色；如果对背景层以上的图层进行擦除，则会将这层颜色擦除，而显示下一层的颜色。可右击该工具选择各种笔头。

背景橡皮擦工具 ，按Alt键选择该工具后，可擦除同色的区域。

魔术橡皮擦工具 ，它综合了魔棒和橡皮擦的功能。

（11）填充工具

油漆桶工具🖌️，它主要用于填充颜色，填充颜色的操作和魔棒工具相似。该工具用于填充前景色，填充的程度由工具属性栏中的容差值决定，数值越大，填充的范围越大。

渐变工具🔲，它用来对图像进行渐变填充，在工具属性栏中可选渐变类型。具体操作为在图像中需要渐变的方向按住鼠标左键，拖动到另一处释放鼠标左键。如果想图像局部有渐变，则要先选择一个操作范围。

（12）模糊／锐化／涂抹工具

模糊工具🖐️，主要是对图像进行局部加模糊，按住鼠标左键不放拖动即可操作，一般用于颜色与颜色之间过渡比较生硬的地方。

锐化工具△，与模糊工具相反，它对图像进行清晰化，使作用范围内的全部像素清晰化，如果作用太厉害，图像中每一种颜色都显示出来，会过于杂乱。作用了模糊工具后，再作用锐化工具，图像不能复原，因为模糊后颜色的组成已经改变。

涂抹工具🖐️，它可以将颜色抹开，一般用于颜色与颜色之间边界生硬或颜色之间衔接不好的情况，有时也会用在修复图像的操作中。

（13）修饰工具

减淡工具🔍，也可以称为提亮工具，主要是对图像进行提亮处理，以达到减淡颜色的目的。

加深工具🖐️，主要对图像的颜色进行加深。

海绵工具🔘，它可以对图像的颜色进行加色或减色，可以在工具属性栏中选择加色还是减色、加色或减色的强度，也可以加深颜色对比度或减少颜色的对比度。

（14）钢笔工具

钢笔工具✒️，亦称勾边工具，主要用于画路径。首先单击一下定点，移动鼠标指针到落点处再次单击，如要勾出弧线，则落点时按住左键拖动。每定一点都会出现一个节点，以方便以后修改。拖出弧线后，节点两边都会出现一个控制柄，这时可按住Ctrl键对各控制柄进行调整，按住Alt键则可以消除节点后面的控制柄，避免影响后面的勾线。

自由钢笔工具✒️，与套索工具相似，在图像中按住鼠标左键直接拖动即可在轨迹下画出一条路径。

添加锚点工具➕，可以在一条已勾完的路径中增加一个节点，以方便修改，在路径上单击即可。

减少锚点工具➖，可以在一条已勾完的路径中减少一个节点，在路径上的某一节点上单击即可。

转换点工具↖，此工具主要用于将圆弧转换为直线。

（15）文字工具

文字工具 T，可在图像中输入文字，选中该工具后，在图像中单击便可在出现的对话框中输入文字。输入文字后还可双击文字图层进行编辑。在工具属性栏中可修改字体、字号、排列方向、颜色。

（16）选择工具

路径选择工具▶️，选择对象为路径。

直接选择工具 ，此工具可以选择某一节点进行拖动修改操作，也可以用鼠标拖动路径进行修改。

（17）矩形工具

矩形工具 ，用于绘制矩形的路径、形状图层或者填充（在工具箱中设置），圆角矩形工具、椭圆工具、多边形工具、自定义形状工具等与之类似。

（18）缩放工具

缩放工具 ，主要用来放大图像，当出现"＋"号时单击图像，可以放大图像，按住鼠标左键拖出一个矩形框，则可以局部放大图像。按住Alt键，则鼠标指针会变为"－"号，单击可以缩小图像。Ctrl＋"＋"组合键为放大， Ctrl＋"－"组合键则为缩小。在首选项中选中"用滚轮缩放"会更便捷。

（19）前景色与背景色

其中，左上方是前景色，右下方是背景色，按D键恢复前黑后白。单击右上按钮 可快速对调前景、背景颜色。

（20）快速蒙版工具

该工具配合画笔工具、橡皮擦工具进行选择操作。

必须掌握的基本工具包括移动工具、选择工具（矩形选框工具、快速选择工具、套索工具、磁性套索工具、魔棒工具）、画笔工具、橡皮擦工具、渐变工具、油漆桶工具、污点修复画笔、仿制图章工具、文字工具。

6．工具属性栏

工具属性栏用于设置工具的属性，工具不同，属性栏的参数设置也不同。例如，魔棒工具的属性栏（见图1-12）和矩形选框工具的属性栏 （见图1-13）就存在区别。

图 1-12　魔棒工具的属性栏

图 1-13　矩形选框工具的属性栏

提示：在使用工具处理图像时，应特别注意属性栏中的参数，不同参数对应不同的处理效果。

1-3　认 识 图 层

使用图层可在不影响图像中其他元素的情况下处理某一图像元素。将图层想象成一张张叠起来的硫酸纸，则通过图层的透明区域可以看到下面图层中的内容。通过更改图层的顺序和属性，可以更改图像的合成效果。

1. 图层的概念

图层是创作各种合成效果的重要途径，可将不同的图像放在不同的图层上进行独立操作而对其他图层不产生影响，如图1-14所示。

2. 图层的作用

使用图层可以创建很多复杂的图像效果，使图像组织结构清晰，不易产生混乱。还可以移动、修改某个图层的内容。

3. 图层的分类

1）背景，新建图像时自带的图层，不能移动该层（图层上有锁定标志），但可以在该层上进行编辑操作，该图层位于图像最底部；双击背景将之转换为普通层，可以进行移动和编辑等操作。

2）普通层，通过单击"新建"按钮可以建立普通层，普通层为透明色，在该层中可以进行任何操作。

3）文字层，使用文字工具时可以自动建立文字层，要对该层进行其他操作时，必须先将文字栅格化成普通层。

4）调整和填充层，用于调整图像的色彩，作用于该图层下方的图层。

具体如图1-15所示。

图 1-14　图层操作

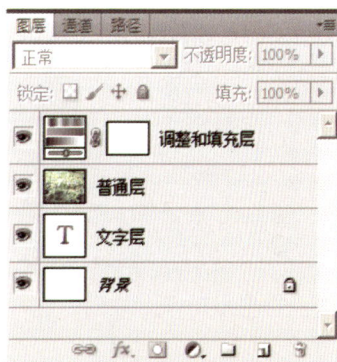

图 1-15　图层

4. 图层的操作

（1）新建图层

1）按Ctrl+Shift+N组合键或Ctrl+Shift+Alt+N组合键。

2）选择"图层"→"新建图层"命令。

3）单击面板菜单中的"新建图层"按钮。

4）按住Ctrl键同时单击"新建"按钮，则新建的图层位于当前图层下方（默认情况下，新建图层位于图层的上方）。

（2）删除图层

1）拖动删除的图层到"删除"按钮。

2）选择"图层"→"删除图层"命令。

3）选中图层，选择"图层"→"删除"命令。

4）在要删除的图层上右击，在弹出菜单中选择"删除"命令。

5）按Delete键可以直接删除（默认情况下，弹出"是否删除"提示对话框）。

（3）复制图层

1）直接拖动图层至"新建"按钮。

2）选择"图层"→"复制图层"命令。

3）右击，在弹出菜单中选择"复制图层"命令。

5．选择图层

直接单击要选择的层，使其变为深蓝色。

6．移动图层

将图层拖曳至目标位置。

7．锁定图层

单击图层的锁定按钮，根据实际需要选择锁定透明像素、锁定图像像素、锁定位置和锁定全部中的一种。

案例 1-1　调整图层

使用本节所学的知识，对素材文件进行操作，达到图1-16所示效果。

1）按Ctrl+O组合键打开"认识图层.psd"文件，如图1-17所示。

图1-16　调整图层结果

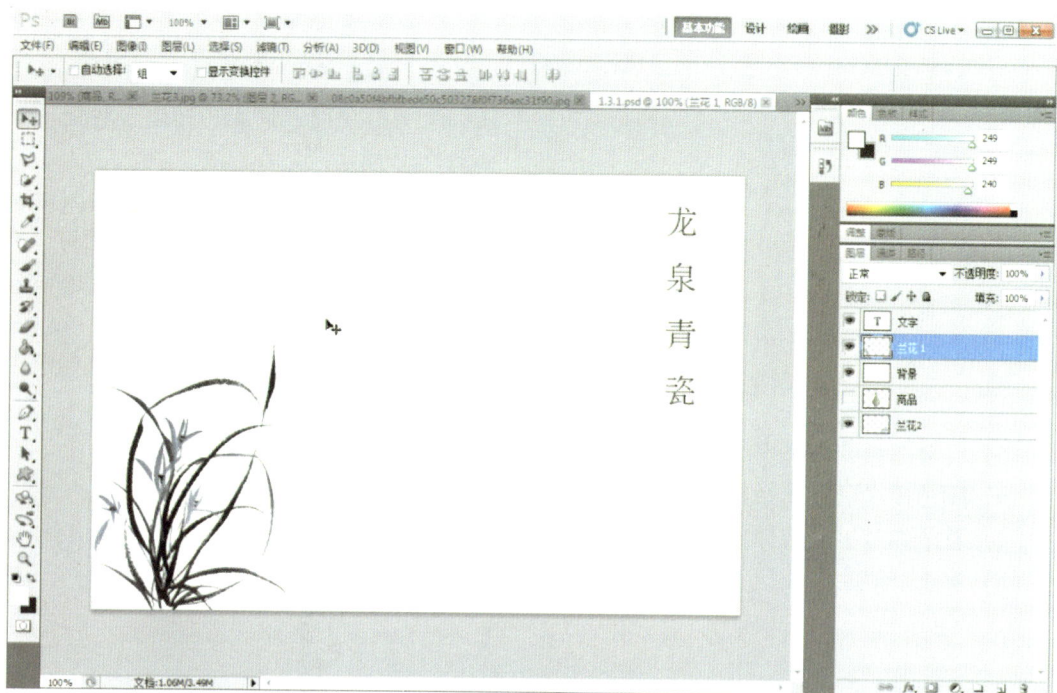

图 1-17　打开文件

2）单击"图层"面板中的 👁 图标以显示"商品"图层，调整图层顺序，达到最终效果，如图 1-18 所示。

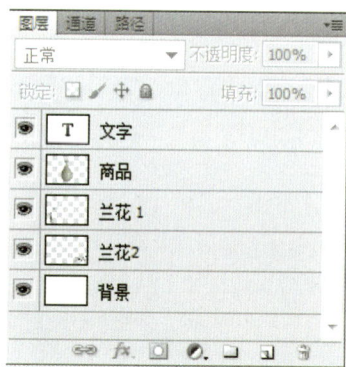

图 1-18　调整图层结果

1-4　文件的基本操作

新建图像是使用 Photoshop 进行设计的第一步。要制作图像，就要在 Photoshop 中新建一个图像。

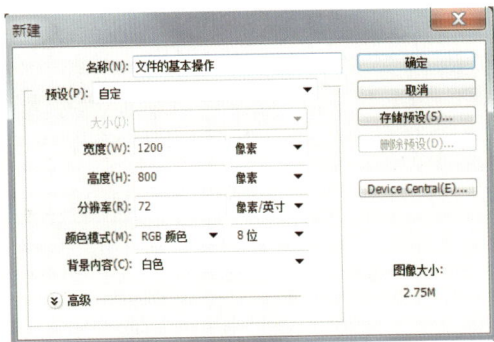

图 1-19 "新建"对话框

1. 新建文件

1）选择"文件"→"新建"命令或按Ctrl+N组合键，弹出"新建"对话框，如图1-19所示。

2）在"名称"文本框中输入图像文件的名称。

3）在"预设"下拉列表框中选择默认大小或者根据需要设置。

4）在"宽度"和"高度"文本框中输入相应的宽度和高度。

5）设置图像的分辨率。

6）颜色模式可以选择位图、灰度、RGB、CMYK或Lab Color。

7）背景内容可以选择白色、背景色或透明。

8）单击"确定"按钮创建文件，得到图1-20所示的文件。

图 1-20 新建文件

2. 保存图像文件

选择"文件"→"存储"命令或按Ctrl+S组合键可保存图像文件。

新建或修改后的图像应及时保存，对于新建的文件选择"文件"→"存储"命令时，会弹出"存储为"对话框，如图1-21所示。

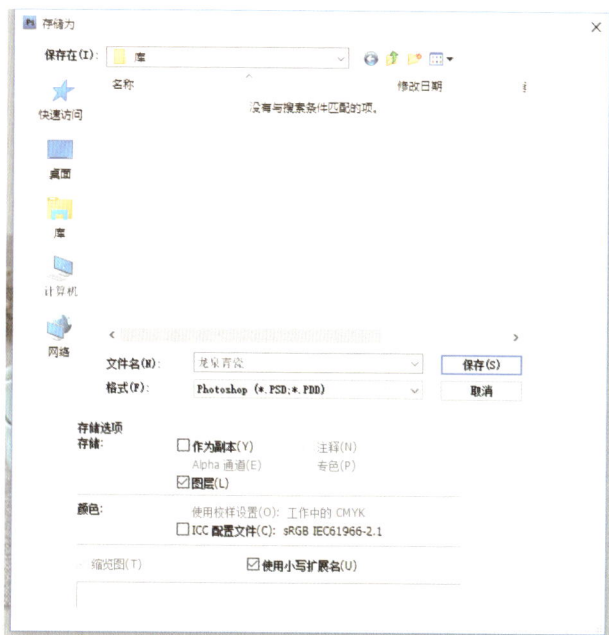

图 1-21　　"存储为"对话框

在弹出的"存储为"对话框中需确认以下几个方面的内容。

1）作为副本：在一幅图像以不同的文件格式或不同的文件名保存的同时，将它的PSD文件保留，以备以后修改方便。

2）注释：选中该复选框可以将图像中的注释信息保留下来。

3）Alpha通道：保存图像时，把Alpha通道一并保存下来。

4）专色：保存图像时，把专色通道一并保存下来。

5）图层：选中该复选框可以将各个图层都保存下来。

3. 打开图像文件

选择"文件"→"打开"命令、按Ctrl+O组合键或者双击Photoshop界面空白处，均可调出"打开"对话框。

4. 关闭图像文件

选择"文件"→"关闭"命令、按Ctrl+W组合键或者单击图像窗口左上角的"关闭"按钮。

5. 文件的常用参数

（1）像素

像素（pixel）是组成位图图像的最基本单元。每个像素都具有不同的颜色值，正是这些极小的具有不同颜色的像素构成了丰富多彩的图像。一幅图像通常由许多纵横排列的像素组成，单位面积所含像素越多，图像的效果就越好。

（2）图像

图像的表示分为位图方式和矢量图方式。

1）位图由像素点组成，适合表示色彩丰富、曲线复杂的图像，文件相对矢量图要大。

2）矢量图是基于一定的数学方式描述的图，适合表示色彩较少、以色块为主、曲线简单的图像，文件相对位图要小。在图形图像处理软件中，也分为位图处理软件和矢量图处理软件，最典型的两个软件是Photoshop和CorelDRAW。

（3）分辨率

位图图像单位内含有的像素称为图像的分辨率（image resolution），单位为像素／英寸（pixels per inch，PPI）。图像分辨率越高，意味着每英寸（1英寸=2.54厘米）所包含的像素越多，图像具有的细节越多，颜色过渡越平滑，图像质量就越好。

（4）色彩模式

色彩模式是一种用于表现色彩的数学算法，即电子图像用什么方式在计算机中显示和输出，也可理解为表示图像的颜色范围及合成方式。常用的有RGB和CMYK模式，如图1-22所示。

1）RGB 色彩模式。计算机屏幕上的所有颜色，都由红色 R（red）、绿色 G（green）、蓝色 B（blue）三种色光按照不同的比例混合而成。一组红色、绿色、蓝色就是一个最小的显示单位。屏幕上的任何一种颜色都可以由一组 RGB 值来记录和表达。

2）CMYK 色彩模式。该模式是一种印刷模式，C、M、Y、K 分别是指青（cyan）、洋红（magenta）、黄（yellow）、黑（black），在印刷中代表四种颜色的油墨。

(a) RGB 模式　　　　　　　　　　　　　　(b) CMYK 模式

图 1-22　色彩模式

（5）常用的文件格式

1）PSD格式是Photoshop CS5本身专用的文件格式，也是新建文件时默认的存储文件格式。

2）BMP是一种与硬件设备无关的图像文件格式，应用非常广。它采用位映射存储格式，除了图像深度可选以外，不采用其他任何压缩，因此，BMP文件占用的空间很大。由于BMP文件格式是在Windows环境中交换与图有关的数据的一种标准，因此在Windows环境中运行的图形图像软件都支持BMP图像格式。

3）JPEG格式是一种压缩率很高的文件格式。JPEG是"联合图像专家组"的缩写，文件扩展名为".jpg"或".jpeg"，是最常用的图像文件格式。它由一个软件开发联合会组织制定，是一种有损压缩格式，能够将图像压缩在很小的存储空间，图像中重复或不重要的资料会丢失，因此容易造成图像数据的损伤。

4）GIF格式为256色RGB图像文件格式，其特点是文件尺寸较小，支持透明背景，特别适合作为网页图像。GIF格式的另一个特点是在一个GIF文件中可以存储多幅彩色图像，如果把存储于一个文件中的多幅图像数据逐幅读出并显示到屏幕上，就可构成一种最简单的动画。

1-5　标尺和参考线

使用标尺和参考线可以让编辑和处理图像的操作更加精确，主要用于协助图像的对齐和定位操作。参考线在软件中显示于图像上方，而不会被打印出来。在实际操作过程中常有许多问题需要使用标尺和参考线来解决。

1. 标尺

在Photoshop中，标尺可以在图像处理和绘制图像时精确地定位图形，特别是在一些手工制作的图形部分。

显示标尺的方法如下。

1）选择"视图"→"标尺"命令，如图1-23所示。

2）按Ctrl+R组合键显示或关闭标尺。

调出标尺后，可以看到标尺的原点通常在左上角位置。要调节标尺的原点位置，只需将光标放到标尺交汇的地方，拖动即可。

提示：右击标尺，可以在弹出菜单中修改标尺的显示单位。

2. 参考线

在处理图像时，可以在指定的位置建立相应的参考线作为坐标，这样可以精确作图。

（1）新建参考线

选择"视图"→"新建参考线"命令，在弹出的对话框中选择取向并输入位置坐标，如图1-24所示。

另外，使用移动工具，在标尺上按住鼠标左键拖曳即可新建自定义参考线。

图 1-23　选择"视图"→"标尺"命令

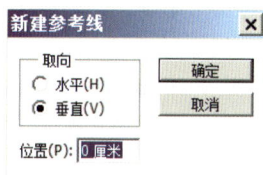

图 1-24　"新建参考线"对话框

图 1-25　清除参考线

（2）清除参考线

当不想用参考线时，选择"视图"→"清除参考线"命令，可以一次性清除所有添加的参考线，如图1-25所示。

（3）参考线的其他操作

1）按住Ctrl键拖曳鼠标，可移动参考线。

2）按住Shift键拖曳鼠标，可使参考线对齐到标尺上的刻度。

3）按住Alt键拖曳参考线，可切换参考线的水平方向和垂直方向。

案例1-2　添加参考线

1）选择"文件"→"打开"命令，打开素材文件"标尺和参考线的使用.jpg"，如图1-26所示。

图 1-26　打开素材文件

2）选择"视图"→"标尺"命令，如图1-27所示。

3）执行上述命令后，显示标尺的效果如图1-28所示。

图 1-27　选择"视图"→"标尺"命令

图 1-28　显示标尺

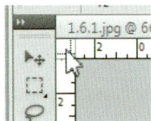

图1-29　标尺相交处

4）将鼠标指针移至水平标尺和垂直标尺的相交处，按住鼠标左键拖曳至商品图像编辑窗口中的合适位置，如图1-29所示。释放鼠标左键后即可改变标尺的原点，如图1-30所示。

图 1-30　改变标尺的原点

5）选择"视图"→"新建参考线"命令。

6）在弹出的"新建参考线"对话框中选中"垂直"单选按钮，在"位置"文本框中输入"10厘米"，如图1-31所示。

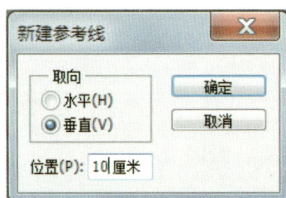

图 1-31　"新建参考线"对话框

7）单击"确定"按钮即可新建垂直参考线。

8）选择"视图"→"新建参考线"命令，在弹出的"新建参考线"对话框中选中"水平"单选按钮，在"位置"文本框中输入"10厘米"。

9）单击"确定"按钮即可新建水平参考线，如图1-32所示。

图 1-32　新建水平参考线

单元 2

简单处理网店商品

单元简介

本单元主要以实例的形式介绍 Photoshop CS5 的常用功能，为后面单元的学习打基础。本单元的主要内容如下。

1. 调整图像与画布尺寸。
2. 裁剪图像。
3. 移动商品图像。
4. 复制图像。
5. 变换图像。
6. 快速去除商品上的瑕疵。
7. 制作商品的投影效果。
8. 制作文字水印。

2-1　调整图像与画布尺寸

在处理网店图像时，经常需要根据不同的设计需求，在编辑图像的过程中调整图像和画布的尺寸。准备在网上发布的图像，在满足网页显示效果的前提下其文件尺寸应尽量小，输出为JPEG或 GIF格式。

图像尺寸与画布尺寸的区别如下。

1）图像尺寸指的是所要做的图片的大小。

2）画布尺寸一般大于或等于图像尺寸，它和所编辑图像本身是不发生关系的，但是改变画布的大小有的时候会改变图像的位置.

案例 2-1　调整图像的大小

制作步骤如下。

1）选择"文件"→"打开"命令，打开素材图像"调整图像大小.jpeg"，如图2-1所示。

图 2-1　打开图像文件

2）选择"图像"→"图像大小"命令，如图2-2所示。

图 2-2 选择"图像"→"图像大小"命令

3）在弹出的"图像大小"对话框中，设置宽度为15.00厘米，此时高度自动按照原有比例生成数值，如图2-3所示。

4）单击"确定"按钮即可完成调整图像大小的操作。

5）选择"图像"→"画布大小"命令。

6）在弹出的"画布大小"对话框中设置宽度为28.00厘米、高度为28.00厘米，画布扩展颜色为"背景"（注：此时背景色为白色），如图2-4所示。

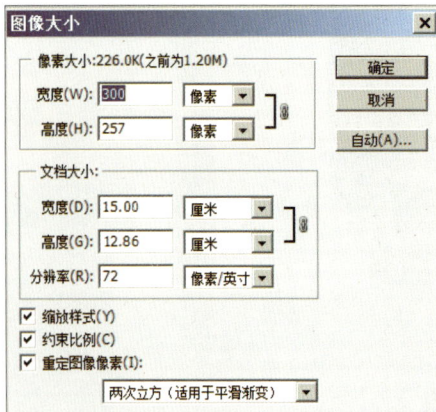

图 2-3 "图像大小"对话框

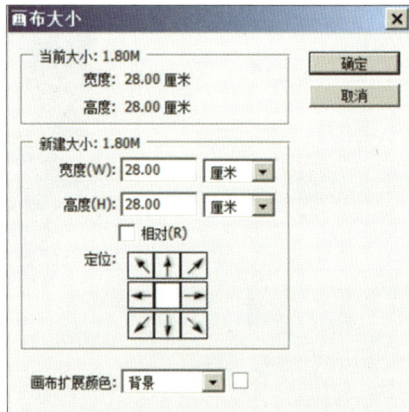

图 2-4 "画布大小"对话框

7）单击"确定"按钮，完成修改画布大小的操作，如图2-5所示。

图 2-5　完成操作

2-2　图像的裁剪

网店卖家在上传商品图片时，必须要规范图片的尺寸，并且由于拍摄时的布局不合理，经常需要调整商品在画面中的布局，使主体更加突出，位置更加合理，这就需要对图像进行精确裁剪处理。

案例2-2　手动裁剪商品图像

制作步骤如下。

1）按Ctrl+O组合键，打开图像"图像的裁剪.jpg"，如图2-6所示。

2）选择工具箱中的裁剪工具 ，即可调出裁剪控制框。

3）移动鼠标指针到图像上方，按住鼠标左键拖曳出一个裁剪区域，如图2-7所示。

4）移动鼠标指针至裁剪区域的边缘，当指针呈 状时，按住鼠标左键拖动，可以自由调节裁剪区域的大小。

5）将裁剪框调整到合适大小后，按Enter键确认，即可完成图像的裁剪，如图2-8所示。

图 2-6　打开图像

图 2-7　裁剪区域

图 2-8　完成裁剪

案例 2-3　精确裁剪商品图像

制作步骤如下。

1）按Ctrl+O组合键，打开图像"精确裁剪图像.jpg"，如图2-9所示。

图 2-9　打开图像

25

2）选择工具箱中的裁剪工具 ，即可调出裁剪控制框。

3）当用户选择裁剪工具时，工具属性栏中显示的内容如图2-10所示。

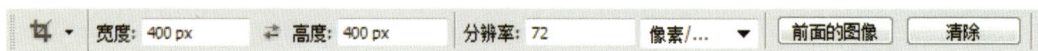

宽度：400 px　　高度：400 px　　分辨率：72　　像素/...　　前面的图像　　清除

图 2-10　裁剪工具的属性栏

4）在工具属性栏中设置裁剪的宽度为400像素，高度为400像素，分辨率为72像素／英寸（1英寸=2.54厘米）。

5）按住鼠标左键在图像上拖曳出裁剪区域，如图2-11所示。

图 2-11　裁剪区域

6）按Enter键确认，即可精确地裁剪图像，得到一张大小为400像素×400像素的图片。

2-3　移动商品图像

在图片处理中，经常需要将一个图片素材移动到另一个素材当中，这就需要使用移动工具。在Photoshop CS5中，在移动图层及选区内的内容、整个窗口中的图像以及将其他窗口中的图像拖入当前窗口时，都需要使用移动工具。

案例 2-4　移动并组合商品图像

制作步骤如下。

1）按Ctrl+O组合键，打开"粉青茶杯.jpg""粉青文字.jpg"两个素材图像。

2）选择"窗口"→"排列"→"平铺"命令，效果如图2-12所示。

3）在工具箱中选择移动工具 ，将鼠标指针移至"粉青文字.jpg"图像上，如图2-13所示。

4）按住鼠标左键拖动鼠标指针至"粉青茶杯.jpg"图像编辑窗口，如图2-14所示。

5）继续用移动工具将图像移至合适位置，得到最终效果，如图2-15所示。

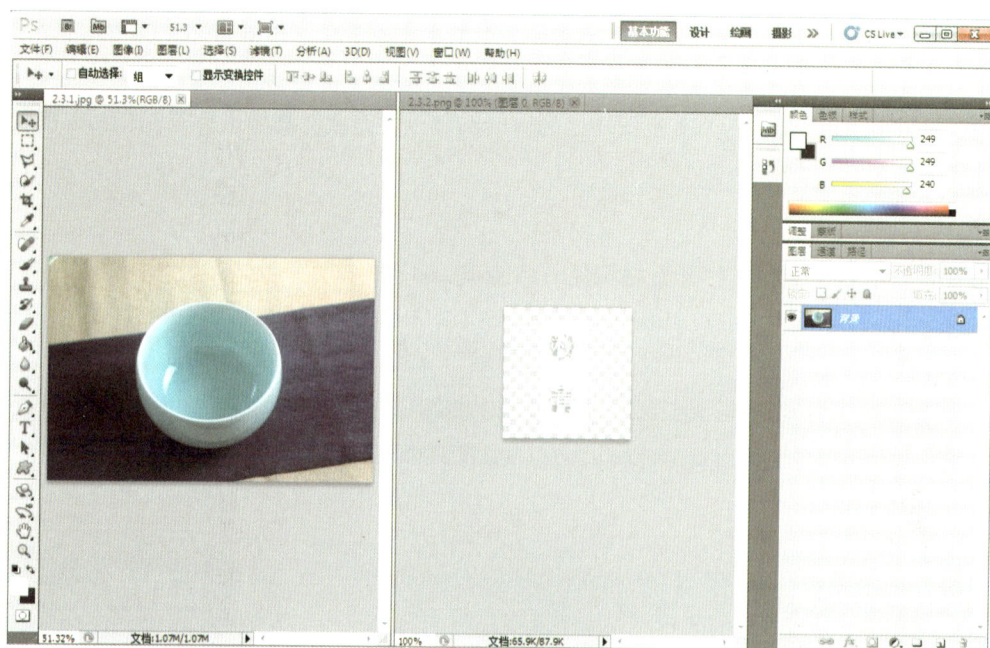

图2-12　平铺图像

图2-13　移动鼠标指针

图2-14　拖动

　　提示：将某个商品图像拖入另一个图像时，按住Shift键，可以使拖入的图像位于当前图像的正中心。

图2-15　最终效果

2-4 复制图像

在制作网店图像时，若要重复使用已经做好的部分，需要对图像进行复制和粘贴操作。

案例 2-5 复制青瓷碗

制作步骤如下。

1）按Ctrl+O组合键，打开素材图像"青瓷碗.psd"，如图2-16所示。

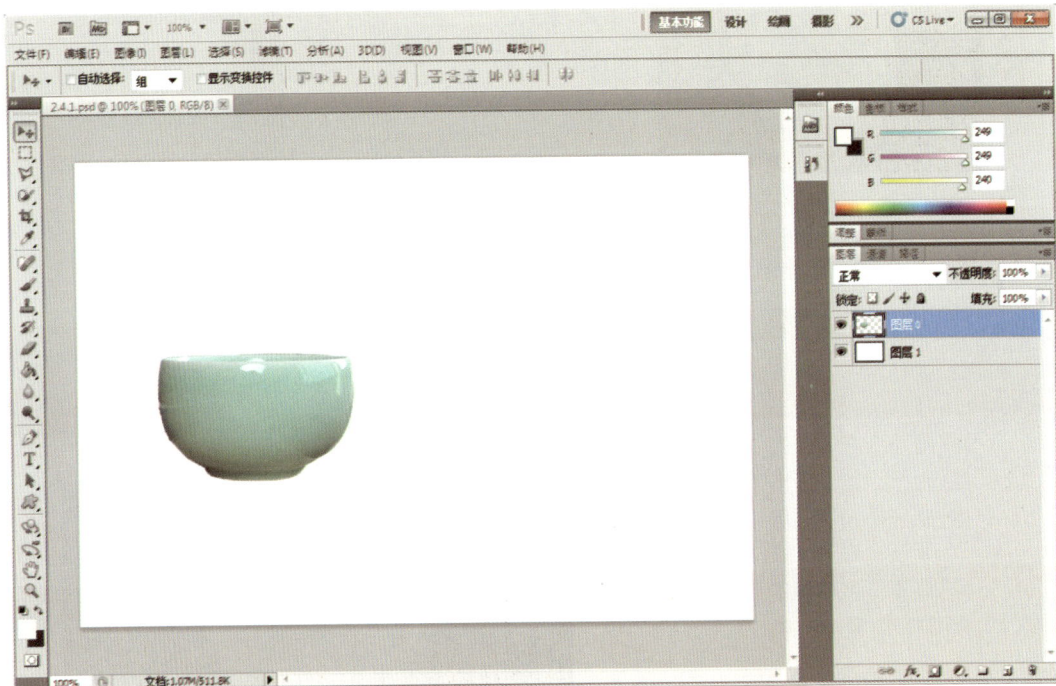

图 2-16　打开素材文件

2）在工具箱中选择矩形选框工具，再选中要复制的图像区域，如图2-17所示。

3）在工具箱中选择移动工具，将鼠标指针移至被选中区域，当鼠标指针呈▶状时，按住Alt键，鼠标指针变为▶状，按住鼠标左键拖曳图像到适当位置，释放鼠标左键和Alt键，完成图像复制，效果如图2-18所示。

说明：要复制已选中的图像区域，还可以选择 "编辑"→"拷贝"命令或者按Ctrl+C组合键，这时系统会将选区内的图像复制到剪贴板中。接下来，选择"编辑→粘贴"命令或者按Ctrl+V组合键，将剪贴板中的图像内容粘贴到原图上方，这时再使用移动工具将复制出的图像移动到合适位置即可。

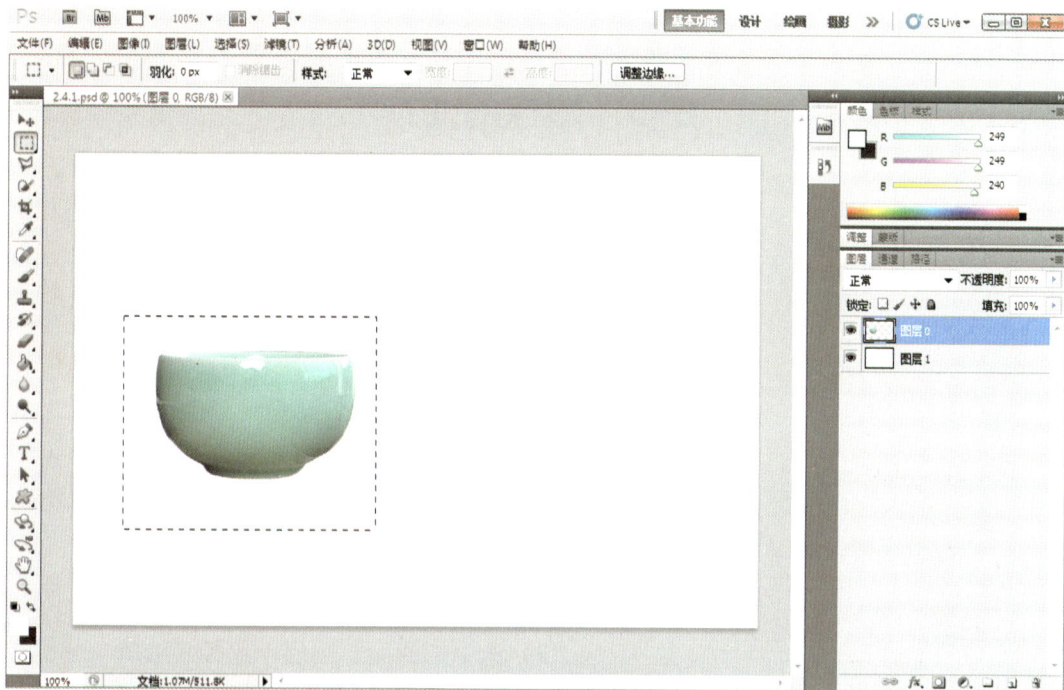

图 2-17　选中要复制的区域

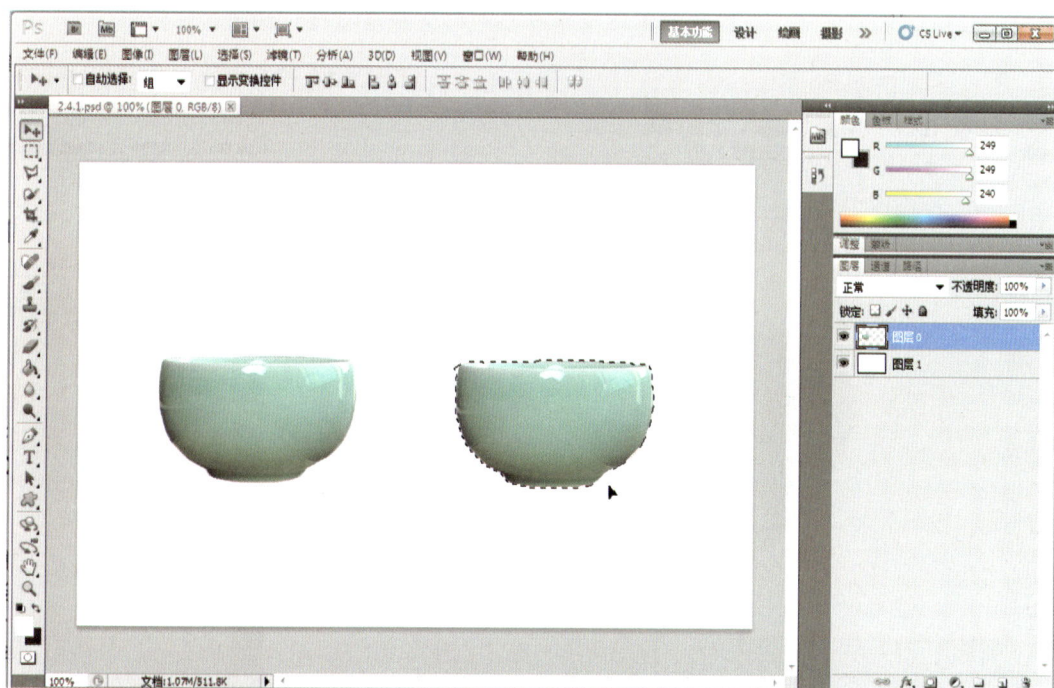

图 2-18　完成复制操作

2-5　图像的变换

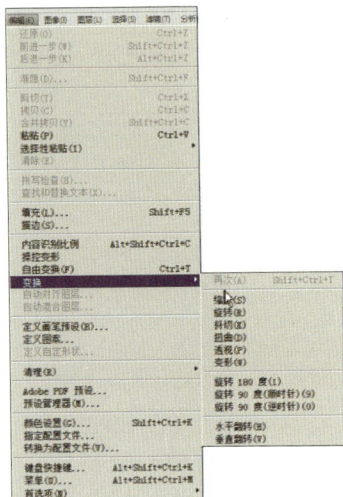

在拍摄商品时，经常会因为拍摄角度或者相机镜头等原因导致图像的主体发生变形，这时可以使用Photoshop软件中的变换图像功能来调整，恢复商品的原样。

图像的变换命令通过 "编辑"→"变换"命令调用，如图2-19所示。

案例2-6　调整抱枕的形状

制作步骤如下。

1）按Ctrl+O组合键，打开素材图像"抱枕.psd"，如图2-20所示。

2）选中"商品"图层，选择"编辑"→"变换"→"扭曲"命令，如图2-21所示。

图 2-19　选择"编辑"→"变换"命令

说明：在"变换"菜单中还有"缩放""旋转""斜切"等子命令。在编辑图像时可根据不同的变换需求进行调用。

图 2-20　打开素材图像

图 2-21 选择"编辑"→"变换"→"扭曲"命令

3）执行上述命令后，即可调出变换控制框，如图2-22所示。将鼠标指针移至变换控制框的控制柄上，当鼠标指针呈▶状时，按住鼠标左键，拖曳控制杆到合适位置后释放鼠标左键，如图2-23所示。

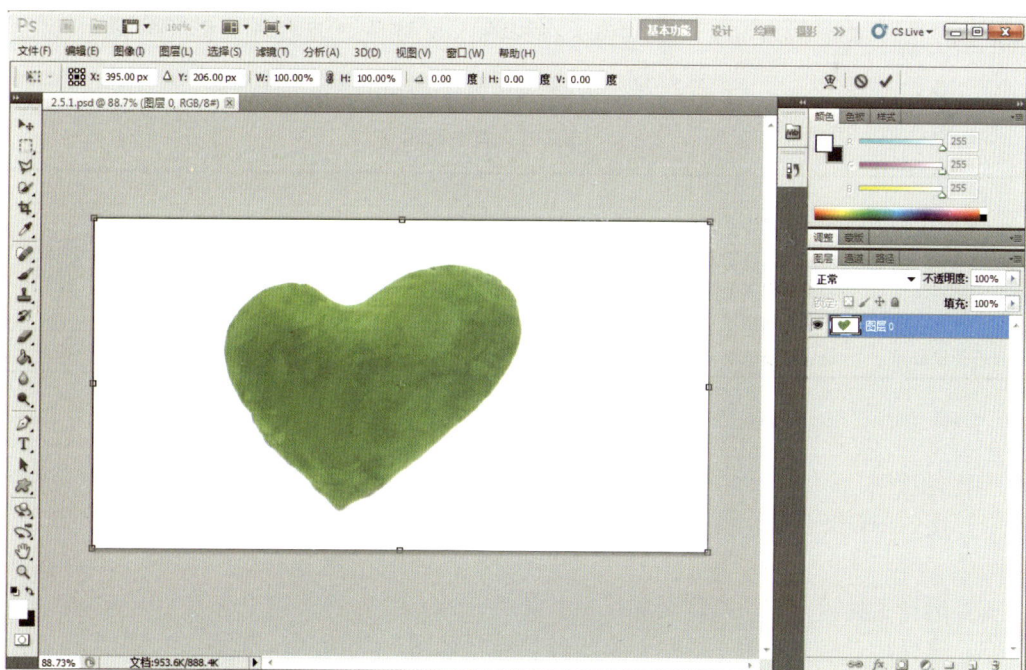

图 2-22 变换控制框

图 2-23　变换形状

4）按Enter键确认操作。

2-6　去除商品上的瑕疵

在拍摄网店商品时，经常会发现商品图像带有污点或者瑕疵，这时可以使用Photoshop软件中的污点修复画笔工具对其进行处理，完善商品图像。

污点修复画笔工具的属性栏如图2-24所示，其说明如表2-1所示。

图 2-24　污点修复画笔工具的属性栏

表2-1　属性说明

名　称	选项说明
模式	用来设置修复图像时使用的混合模式
类型	用来设置修复方法。"近似匹配"的效果为将所涂抹的区域以周围的像素进行匹配覆盖，"创建纹理"的效果为以其他的纹理进行覆盖；"内容识别"的效果为由软件自动分析周围像素的特点，通过计算组合拼接后填充修复区域，达到无缝拼接的效果
对所有图层取样	选中该复选框，软件在进行修复计算时将从所有可见图层中提取图像数据

案例 2-7　去除青瓷壶上的污点

制作步骤如下。

1）按Ctrl+O组合键，打开素材图片"青瓷壶．jpg"，找到壶身上的污渍，如图2-25所示。

2）选择工具箱中的污点修复画笔工具 。

3）选择污点修复画笔工具后，其工具属性栏如图2-26所示。

4）移动鼠标指针至图像编辑窗口中的合适位置，按住鼠标左键拖动，对需要修复的位置进行涂抹，如图2-27所示。释放鼠标左键，被涂抹位置将被修复，如图2-28所示。

图 2-25　打开素材文件

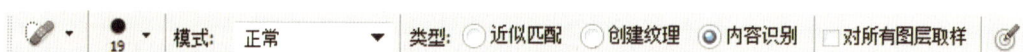

图 2-26　污点修复画笔工具的属性栏

图 2-27　修复

图 2-28　修复效果

2-7　商品的投影效果

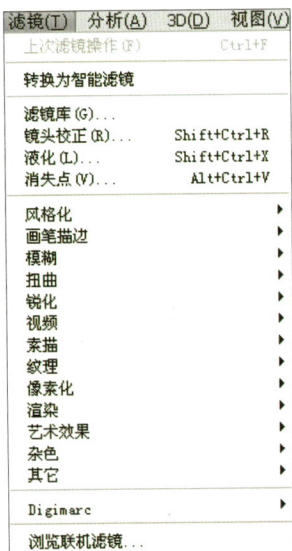

图 2-29　"滤镜"菜单

在拍摄网店商品图像时，有时候需要将商品主体从照片中分离出来，合成到纯色的背景中。为了加强商品的立体效果，往往需要给商品图像添加投影效果。

为了丰富图像的效果，Photoshop还提供了各种滤镜，如图2-29所示。

滤镜使用规则如下。

1）图像上有选区时，Photoshop针对选区进行滤镜处理；图像上没有选区时，则对当前图层或通道起作用。局部图像应用滤镜时，可羽化选区，使处理的区域自然地与相邻部分融合。

2）滤镜的处理效果是以像素为单位的，应用滤镜的对话框中没有注明度量单位的，均默认单位为"像素"。

3）滤镜的处理效果与图像分辨率有关，因而用相同参数处理不同分辨率的图像，其效果会有不同。

4）在位图和索引模式图像中不能应用滤镜。此外，在CMYK和Lab模式下，部分滤镜组不能使用，如画笔描边、素描、纹理和艺术效果等。

5）在使用滤镜时要仔细选择，以免因为变化幅度过大而失去滤镜的风格。使用滤镜时还应根据艺术创作的需要，有选择地进行。

案例 2-8 给咖啡杯制作投影

制作步骤如下。

1）按Ctrl+O组合键，打开素材图片"咖啡杯.psd"，如图2-30所示。

图 2-30 打开素材文件

2）按住Ctrl键单击商品图层，从图层建立选区，如图2-31所示。

3）选中商品图层，调整图层不透明度为"50%"，如图2-32所示。

4）选中"投影"图层，如图2-33所示，在工具箱中选择油漆桶工具，设置前景色为黑色，将鼠标指针移至选区内单击，填充选区，如图2-34所示。

5）选择"编辑"→"自由变换"命令，使选区变化为图2-35所示的效果，拖动操纵杆，将选区变换为图2-36所示的效果。

6）选择"编辑"→"变换"→"斜切"命令，按住鼠标左键拖动操纵杆至合适位置，如图2-37所示，按Enter键应用变换。

图 2-31 建立选区

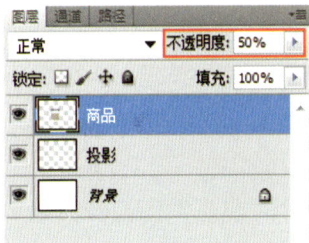

图 2-32 调整不透明度

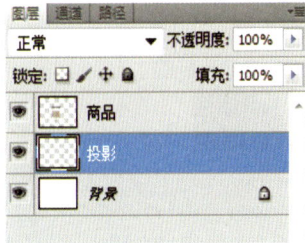

图 2-33 选中"投影"图层

图 2-34 填充选区　　图 2-35 选区变化（一）　图 2-36 选区变化（二）　图 2-37 拖动选区

7）按 Ctrl+D 组合键取消选区，修改"商品"图层的不透明度为"100%"，如图2-38所示。

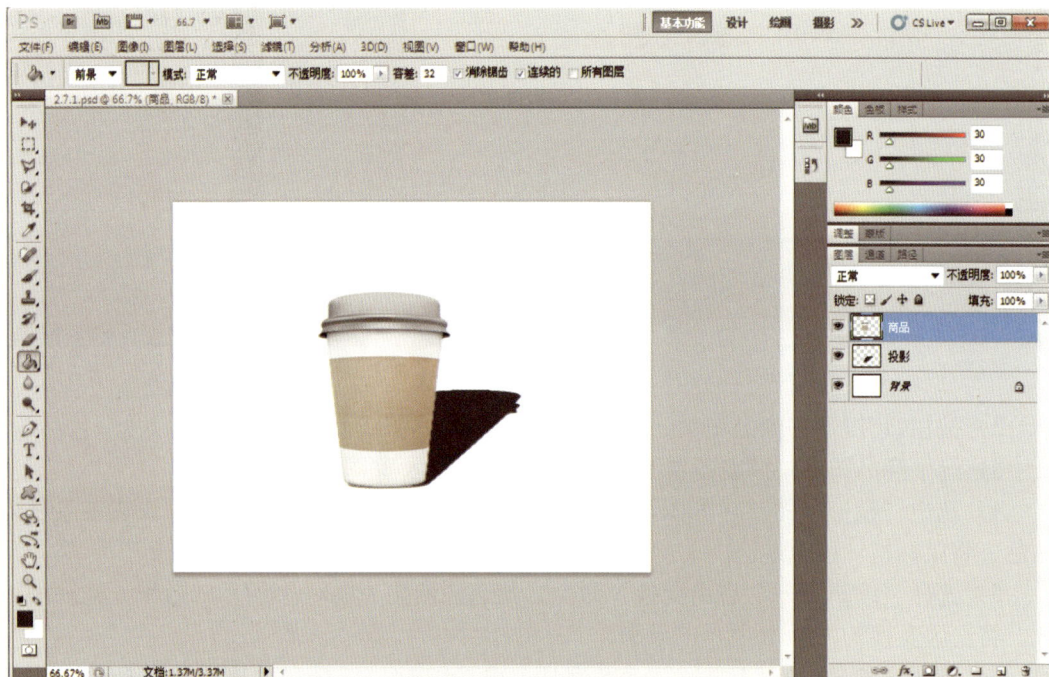

图 2-38　修改不透明度

图 2-39　设置模糊半径

8）选中"投影"图层，选择"滤镜"→"模糊"→"高斯模糊"命令，在弹出的对话框中设置半径为3.6像素，如图2-39所示。

9）选中"商品"图层，使用移动工具，调整商品至合适位置，如图2-40所示。

10）选中"投影"图层，设置图层的不透明度为"30%"，如图2-41所示，得到图2-42所示的效果。

图 2-40　调整位置

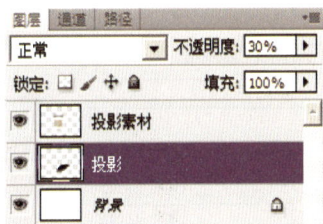

图 2-41　设置不透明度

图 2-42　效果

2-8 文字水印制作

在发布商品图片时，往往会遇到商品品牌标志在图片中不明显的情况，而且要防止其他商家盗用图片，这时就可以用Photoshop软件为图片添加文字水印效果来解决以上问题。水印制作好后常以PSD和PNG格式保存，以便重复使用。

PNG格式即可移植网络图形格式（portable network graphic format）。其特点是体积小，支持256级透明效果，能使彩色图像的边缘与任何背景平滑地融合，从而彻底消除锯齿边缘。这种功能是GIF和JPEG格式没有的，所以在保存水印图片时常用PNG格式。

案例 2-9 制作水印

制作步骤如下。

1）新建文件"瓯江水印"，图像宽度和高度都为200像素，背景内容为"白色"，如图2-43所示。

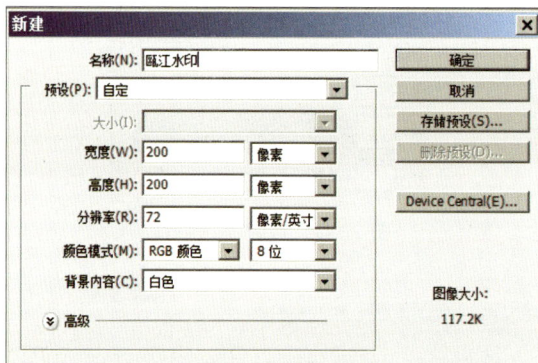

图 2-43 新建文件

2）双击背景图层，将其转换为"图层0"，重命名为"白底"。

3）选择工具箱中的文字工具 T，在工具属性栏中设置字体为"宋体"，大小为"48"，颜色为"黑色"，设置"居中对齐文本"，将鼠标指针移至图像的编辑窗口中单击，输入文字"瓯江 Ou Jiang"，选择移动工具将其调整至合适位置，如图2-44所示。

4）双击文字图层，重新选中文字，如图2-45所示，然后在属性栏中修改文字颜色为"白色"。

图 2-44 输入文字

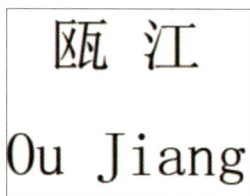

图 2-45 修改文字颜色

5）右击文字图层，在弹出菜单中选择"混合选项"命令（见图2-46），在弹出的对话框中为图层添加"投影"样式，设置不透明度为75%，距离为5像素，扩展为9%，大小为9像素，投影颜色为"黑色"，如图2-47所示，得到图2-48所示的效果。

6）选中"白底"图层，调整其不透明度为30%，如图2-49所示。

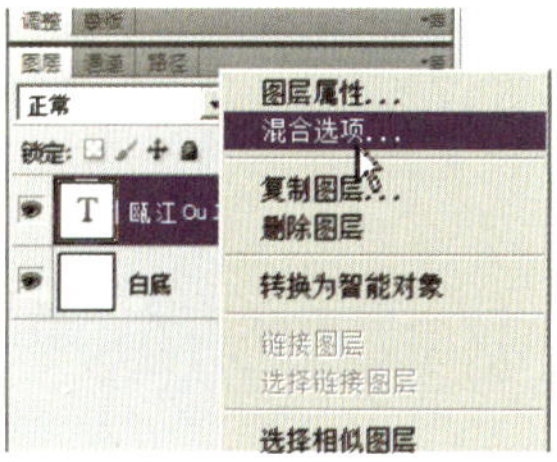

图 2-46　选择"混合选项"命令

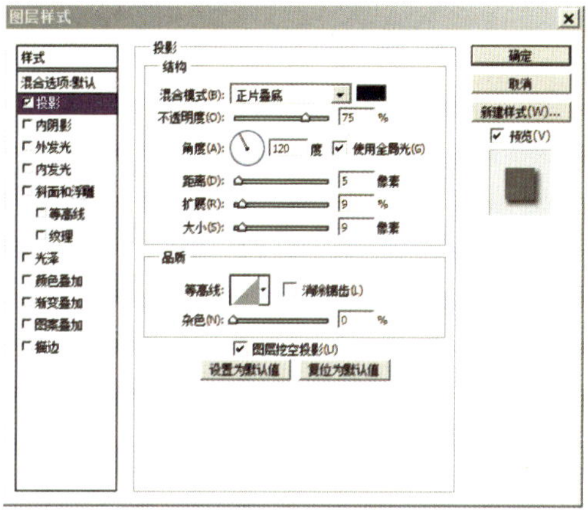

图 2-47　设置"投影"样式

图 2-48　效果

图 2-49　调整不透明度

7）选择"文件"→"存储为"命令，在弹出对话框中选择保存的文件格式为PNG，选择合适路径并单击"确定"按钮保存文件。

8）打开图像"瓯江青瓷.psd"和"瓯江水印.png"。选择移动工具，将"瓯江水印.png"图像移动到"瓯江青瓷.psd"图像中，如图2-50所示。

图 2-50　移动图像

9）按住Ctrl键单击"瓯江Qu Jiang"文字所在的图层，选中图层内容。然后按Ctrl+T组合键，调出自由变换控制框，如图2-51所示。

图 2-51　自由变换控制框

10）调整"瓯江水印.png"至合适位置及大小，按Enter键应用变换效果，最终效果如图2-52所示。

图 2-52　最终效果

单元 3

商品抠图

单元简介

抠图是图像处理时经常使用的操作之一。在网店装修中，抠图是后续图像处理的重要基础。本单元将介绍网店装修中常用的抠图方法和技巧。本单元的主要内容如下。

1. 用魔棒工具抠图。
2. 用快速选择工具抠图。
3. 用套索工具抠图。
4. 用蒙版抠图。
5. 用钢笔工具抠图。
6. 用通道抠图。

3-1　用魔棒工具抠图

魔棒工具是Photoshop中一种比较快捷的抠图工具。对于一些分界线比较明显的图像，通过魔棒工具可以快速地将图像抠出。魔棒工具可以自动分辨单击点的颜色，并自动获取附近区域相同的颜色，使它们处于选择状态。

魔棒工具的属性栏，如图3-1所示。

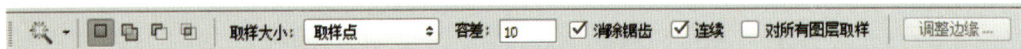

图 3-1　魔棒工具的属性栏

1）容差，指所选取图像的颜色接近度，也就是说容差越大，图像颜色的接近度越小，选择的区域也就相对变大了。

2）连续，指选择图像颜色的时候只能选择一个区域中的颜色，不能跨区域选择。如果一个图像中有几个相同颜色的圆，当然它们都不相交，若选择连续，在一个圆中选择，只能选择到一个圆，若没选连续，那么整张图片中相同颜色的圆都能被选中。

3）对所有图层取样，选中这个选项，则整个图层当中相同颜色的区域都会被选中，没点的话就只会选中单个图层的颜色。

魔棒工具通过容差的大小来选择颜色相似的区域，图像颜色越单一，选取的对象越精确。魔棒工具不适用于背景复杂且颜色杂乱的图像选择。

案例3-1　抠图

制作步骤如下。

1）按Ctrl+O组合键，打开文件"3.1茶具.jpg"，如图3-2所示。

图 3-2　打开文件

2）选择工具箱中的魔棒工具，在属性栏中将容差设置为20，将鼠标指针移动到图像左侧，在图像背景上单击，可以看到白色背景变为选区，如图3-3所示。

图 3-3   选区

3）选择"选择"→"反向"命令，反选选区，此时将完整物体添加到选区中，如图3-4所示。

图 3-4   添加物体至选区

4）打开文件"3.1背景.jpg"，如图3-5所示。

图 3-5　打开文件

5）将步骤3）选区中的茶具移动至"3.1背景.jpg"中，适当调整茶具的大小与位置，最终效果如图3-6所示。

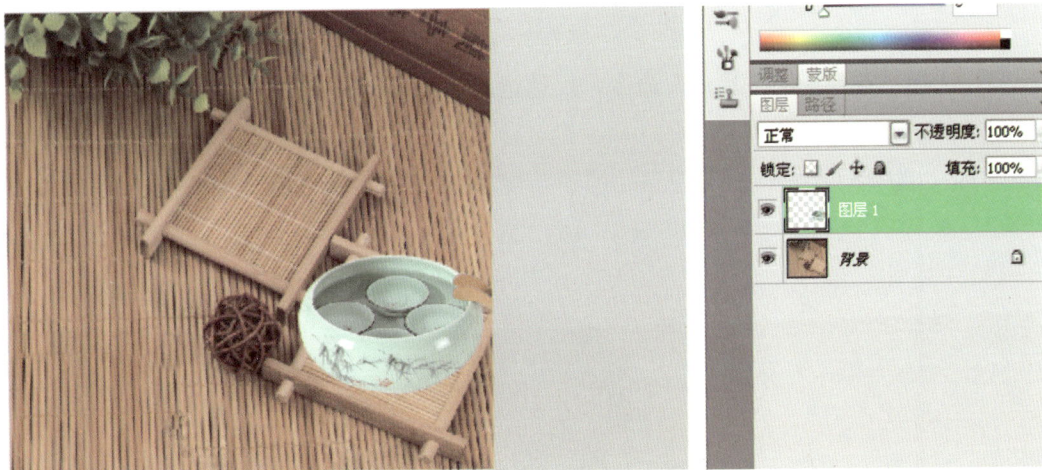

图 3-6　最终效果

3-2　用快速选择工具抠图

快速选择工具类似于笔刷，而且能够调整圆形笔尖的大小来绘制选区。在图像中按住鼠标左键拖动即可绘制选区。这是一种基于色彩差别，但用画笔智能查找主体边缘的新方法。

快速选择工具的属性栏如图3-7所示。

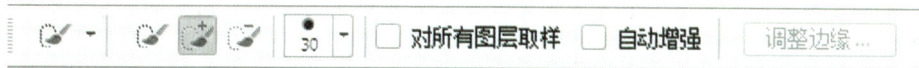

图 3-7 快速选择工具的属性栏

1）选区方式，三个按钮从左到右分别是"新建选区"按钮、"添加到选区"按钮、"从选区中减去"按钮。没有选区时，默认的选择方式是新建；选区建立后，自动改为添加到选区；如果按住 Alt 键，选择方式变为从选区中减去。

2）画笔，初选离边缘较远的较大区域时，画笔尺寸可以大些，以提高选取的效率；但对于小块的主体或修整边缘时，则要换成小尺寸的画笔。总体来说，大画笔选择快，但选择粗糙，容易多选；小画笔一次只能选择一小块主体，选择慢，但得到的边缘精度高。

3）自动增强，选中此项后，可减少选区边界的粗糙度和块效应即使选区向主体边缘进一步流动并做一些边缘调整。一般应选中此项。

4）对所有图层取样，当图像中含有多个图层时，选中该复选框，将对所有可见图层的图像起作用；没有选中时，魔棒工具只对当前图层起作用。

使用快速选择工具可以快速地选择图像中的某个对象并创建选区。在快速选择工具组中包括快速选择工具和魔棒工具，它们都是根据图像中的颜色区域来创建选区的，所不同的是快速选择工具根据画笔大小创建选区范围，魔棒工具根据容差大小创建选区范围。

案例 3-2 用快速选择工具抠图

制作步骤如下。

1）按 Ctrl+O 组合键，打开文件"3.2.jpg"文件，如图 3-8 所示。

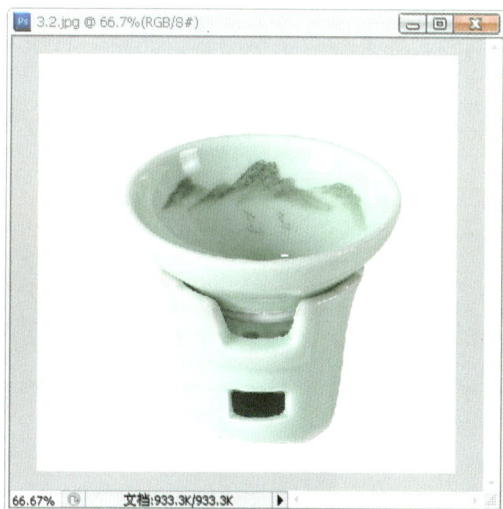

图 3-8 打开文件

2）选择工具箱中的快速选择工具，在属性栏中单击"画笔"选项的下拉按钮，在"画笔拾取器"中设置直径为 20，如图 3-9 所示。将鼠标指针移动到青瓷茶漏上，当指针变成十字形状时，按住鼠标左键拖动创建选区。

图 3-9　设置画笔直径

　　3）继续沿着青瓷茶漏边缘拖动鼠标，创建出整个青瓷茶漏的选区，将整个青瓷茶漏也包含在选区中，如图3-10所示。

　　4）在属性栏中单击"从选区中减去"按钮或按住Alt键，在青瓷茶漏内拖动鼠标，从选区中减去多余的部分，得到青瓷茶漏的完整图案，如图3-11所示。

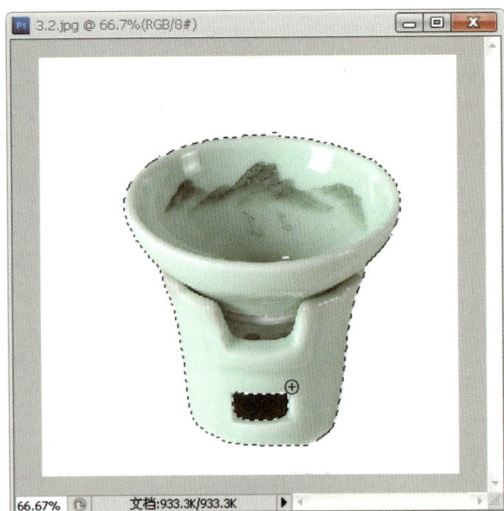

图 3-10　选取茶漏

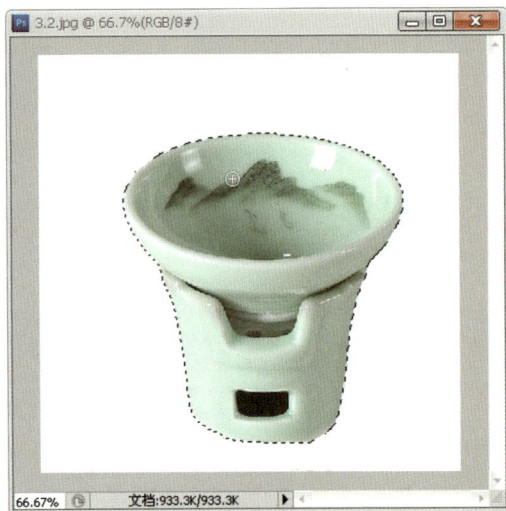

图 3-11　减去多余部分

5）打开文件"3.2背景.jpg"，如图3-12所示。

6）将选区中的茶漏移动至"3.2背景.jpg"中，适当调整茶漏的大小与位置，最终效果如图3-13所示。

图 3-12　打开文件

图 3-13　最终效果

3-3　用套索工具抠图

套索工具内含三个工具，它们分别是套索工具、多边形套索工具和磁性套索工具（见图3-14）。套索工具是最基本的选取工具，在处理图像中起着很重要的作用。

图 3-14　套索工具

1. 套索工具

按住鼠标左键不放沿着主体边缘拖动，就会生成没有锚点（又称紧固点）的线条。只有线条闭合后才能释放左键，否则首尾会自动闭合。如果事先没有在工具属性栏里单击"增添到选区"按钮，那就前功尽弃了。用普通套索工具抠图费力不讨好，它不能作为抠图的主打工具使用。其实，普通套索工具的作用更多的是圈出一个局部，以便对其调整修饰。

2. 多边形套索工具

用鼠标指针沿主体边缘边前进边单击，就会产生一个个直线相连的锚点，当首尾连接时，鼠标指针符号多了个圆点，这最后一次单击即产生闭合选区。千万别在一个位置上双击，无论哪种套索工具，双击都会使首尾自动相连。多边形套索工具是抠直线主体的有用工具。

3. 磁性套索工具

单击起点，再沿主体边缘移动鼠标指针，会产生自动识别边缘的一个个相连的锚点。

首尾相遇时双击，产生闭合选区。

4．操作技巧

1）为了使选区精确，要尽可能放大主体，即使主体超出工作界面，看不到完整图像也没有关系。

2）当锚点移动到工作界面边上时，按住空格键，使鼠标指针变为抓手，将界面外的主体移到界面内。

3）出现不满意的锚点时，按Delete键或退格键，让锚点从最后一个开始，逐个消失；如果要完全废除前面的工作，按Esc键。

4）遇到凹凸变化剧烈的边缘，要边移动边单击（切勿双击），以产生强制锚点来确保走线的正确。

5）操作过程中，必要时可使用放大图像或缩小图像的快捷键（Ctrl+" + "或Ctrl+" − "）。

6）选区闭合后，可使用属性栏中的"调整边缘"选项来修整边缘。

案例3-3 用多边形套索工具抠图

制作步骤如下。

1）按Ctrl+O组合键，打开"3.31.jpg"文件，如图3-15所示。

2）选择工具箱中的多边形套索工具，在礼盒边缘单击创建选区起始点，然后沿礼盒边缘单击，创建选区的其他节点，如图3-16所示。

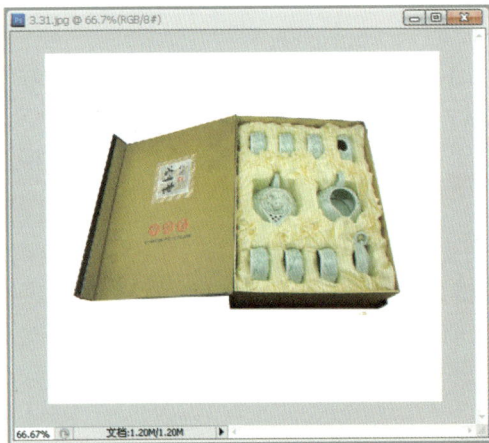

图 3-15 打开文件

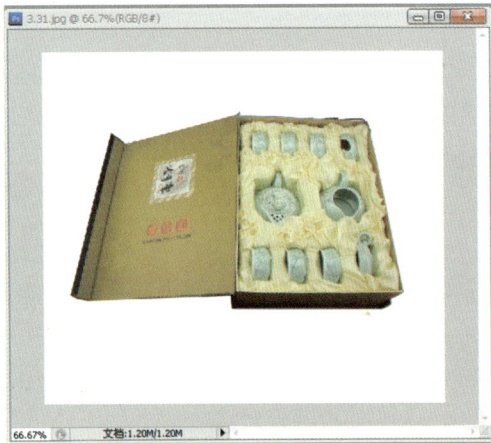

图 3-16 创建选区

3）当鼠标指针变成 ⌵ 状时单击，即创建出不规则选区，如图3-17所示。

4）在属性栏中单击"从选区中减去"按钮或按住Alt键，在图片上单击减去多余的部分，便得到想要的图形效果，如图3-18所示。

5）打开文件"3.31背景.jpg"，如图3-19所示。

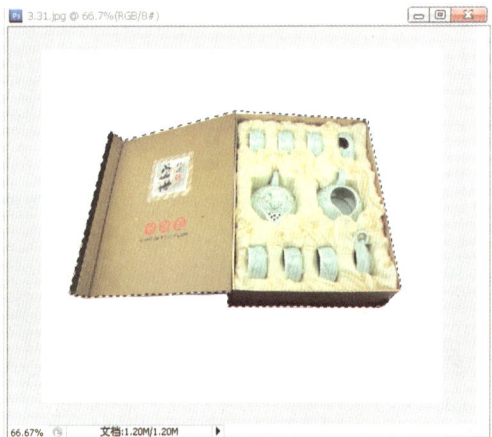

图3-17 创建不规则选区

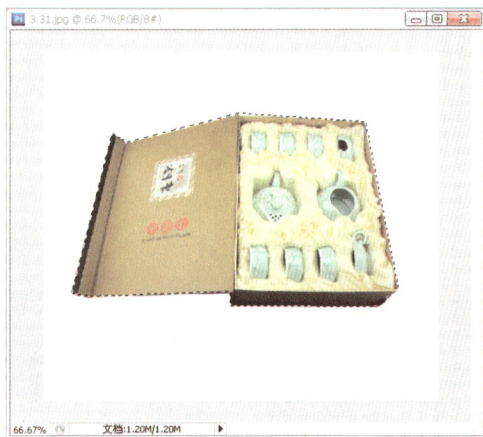

图3-18 减去多余部分

图3-19 打开文件

6）将选区中的礼盒移动到"3.31背景.jpg"中，适当调整其大小与位置，最终效果如图3-20所示。

图3-20 最终效果

案例 3-4　用磁性套索工具抠图

使用磁性套索工具沿着图像边缘拖动鼠标，可以自动生成选区。使用磁性套索工具可以更加精确地创建选区。具体操作方法如下。

1）按Ctrl+O组合键，打开文件"3.32.jpg"，如图3-21所示。

2）在工具箱中选择磁性套索工具，在花瓶边缘单击，沿图像边缘拖动鼠标，磁性套索工具将自动在鼠标指针移动的轨迹上选择对比度大的边缘产生节点，如图3-22所示。

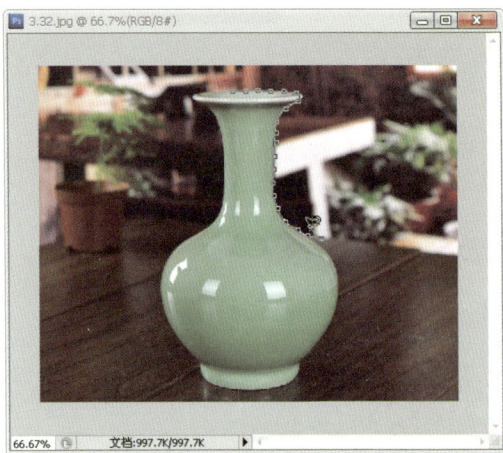

图 3-21　打开文件　　　　　　　　　　　　图 3-22　自动产生节点

3）沿花瓶边缘持续拖动鼠标，回到起始点，当鼠标指针变为⊘形状时，单击完成选区的创建，如图3-23所示。

4）此时花瓶部分的图像被选中，已经创建出精确的选区，如图3-24所示。

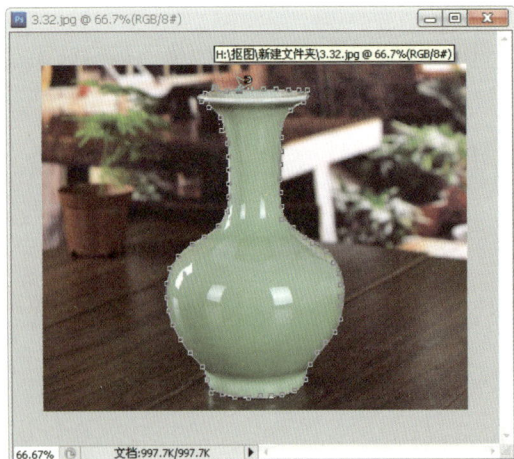

图 3-23　完成选区的创建　　　　　　　　　图 3-24　创建精确的选区

5）打开文件"3.32背景.jpg"，如图3-25所示。

图 3-25 打开文件

6）将选区中的花瓶移动至"3.32背景.jpg"中，适当调整花瓶的大小与位置，最终效果如图3-26所示。

图 3-26 最终效果

3-4 用蒙版抠图

在Photoshop中，蒙版就像是特定的遮罩，控制着图层或图层组中不同区域的隐藏和显示。通过更改蒙版，可以对图层应用各种特殊效果，而不会影响该图层上的实际元素。

蒙版分为4种，分别为快速蒙版、图层蒙版、矢量蒙版和剪贴蒙版。

1）快速蒙版，能辅助用户快速创建出需要的选区，在快速蒙版模式下可以使用各种编辑工具或滤镜命令对蒙版进行编辑。

2）图层蒙版，通过灰度图像控制图层的显示与隐藏，图层蒙版可以由绘画工具或选择工具进行创建和修改。

3）矢量蒙版，用于控制图层的显示与隐藏，但它与分辨率无关，其形状由钢笔工具或形状工具创建。

4）剪贴蒙版，它是一种比较特殊的蒙版，依靠底层图层的形状来定义图像的显示区域。

案例 3-5　用蒙版抠图

制作步骤如下。

1）按Ctrl+O组合键，打开文件"3.4.jpg"，如图3-27所示。

2）在工具箱中单击"以快速蒙版模式编辑"按钮。

3）选择工具箱中的画笔工具，设置画笔大小为20像素、硬度为"100%"，如图3-28所示。

图 3-27　打开文件

图 3-28　设置画笔工具

4）单击"设置前景色"按钮，弹出"拾色器（前景色）"对话框，设置前景色为黑色（RGB：0，0，0），如图3-29所示。用画笔涂抹茶壶，如图3-30所示。

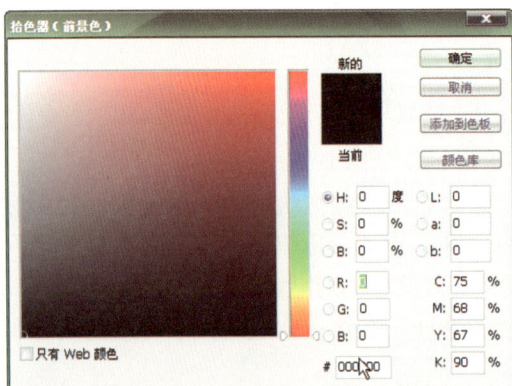

图 3-29　设置前景色

图 3-30　用画笔涂抹茶壶

5）继续在茶壶上涂抹，直至将其轮廓完整化。如果涂到外面则将前景色设为白色，这样可以修改红色的区域，得到最终的蒙版效果，如图3-31所示。

6）再次单击工具箱底部"以标准模式编辑"按钮，退出快速蒙版模式，此时未被选中的部分生成选区状态，如图3-32所示。

7）选择"选择"→"反向"命令或按Ctrl+Shift+I组合键，则茶壶被完整地抠出来，如图3-33所示。

8）打开文件"3.4背景.jpg"，如图3-34所示。

图 3-31　最终蒙版效果

图 3-32　生成选区状态

图 3-33　完整抠图

图 3-34　打开文件

9）将选区中的茶壶移至"3.4背景.jpg"中，适当调整茶壶的大小与位置，最终效果如图3-35所示。

图 3-35　最终效果

3-5　用钢笔工具抠图

钢笔工具是一种矢量绘图工具，使用钢笔工具可以精确地绘制直线或平滑的曲线，创建任何复制的图形效果。钢笔工具可以在画面中创建形状图层的图像路径。自由钢笔工具是用来随意绘制路径的工具。

自由钢笔工具类似于套索工具，不同的是，套索工具绘制的是选区，而自由钢笔工具绘制的是路径。若在属性栏中选中"磁性的"复选框，则自由钢笔工具在功能上更类似于磁性套索工具。与套索工具不同的是，自由钢笔工具生成的是一条可以编辑的路径，而非选择域。

1．属性栏

钢笔工具的属性栏如图3-36所示。

图 3-36　钢笔工具的属性栏

2．常见选项

在工具箱中选择钢笔工具，并在其属性栏中选择路径（ 按钮）。

添加描点工具：选择该工具后，单击可以在当前路径上增加锚点。

删除锚点工具：其作用与添加锚点工具相反，用来删除路径上的锚点。

转换点工具：用来调整路径上锚点的位置，且用时鼠标指针变成箭头状。

（添加到路径区）按钮：将新区域添加到重叠路径区域。

（从路径区域减去）按钮：将新区域从重叠路径区域减去。

（交叉路径区域）按钮：将路径限制为新区域和现有区域的交叉区域。

（重叠路径区域除外）按钮：从合并路径中排除重叠区域。

在用钢笔工具描边的时候，如果想抠图抠得精度高些，可以将图像放大。使用钢笔工具描边时要活用Ctrl键进行曲线的修正，以及用Alt键快速增加节点进行快速描边。当勾边错误时中，可以按Delete键删除一个节点。

案例 3-6　利用钢笔工具抠图

制作步骤如下。

1）按Ctrl+O组合键，打开文件"3.51.jpg"，如图3-37所示。

2）按Ctrl+"+"组合键放大图像，选择工具箱中的钢笔工具，在图像中单击创建路径起点，此时在图像中增加一个节点，如图3-38所示。

图 3-37　打开文件

图 3-38　增加节点

3）沿物品方向使曲线贴合茶具边缘。用相同的方法，按住鼠标左键并拖动控制手柄根据外形调整路径，如果路径绘制有误，可以用添加锚点工具和删除锚点工具进行修改，如图3-39所示。当路径终点与创建的路径起点相连接时，路径会自动闭合，在"路径"面板中可以看到创建的工作路径，如图3-40所示。

图 3-39　修改

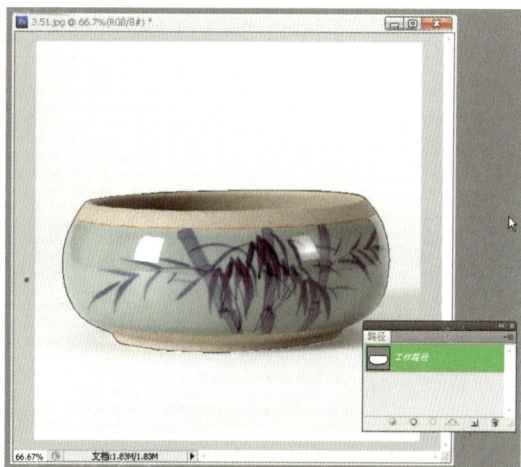

图 3-40　工作路径

4）按Ctrl+Enter组合键将路径转换为选区，如图3-41所示。

5）按Ctrl+J组合键原位复制选区中的图像，在"图层"面板中即可看到复制的图层，如图3-42所示。

图 3-41　将路径转换为选区

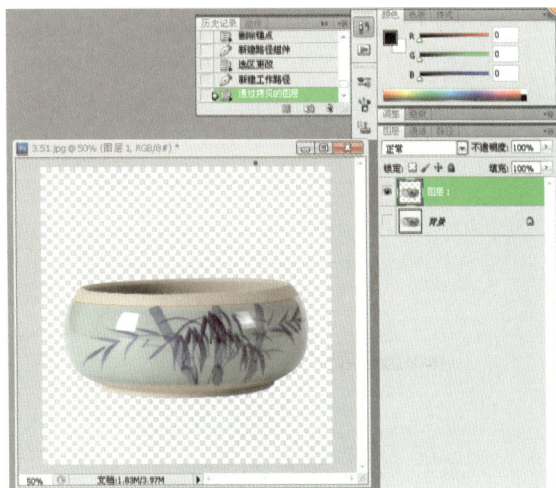

图 3-42　复制图像

6）打开文件"3.51背景.jpg"，如图3-43所示。

7）将选区中的茶具移动至"3.51背景.jpg"中，适当调整茶具的大小与位置，最终效果如图3-44所示。

图 3-43　打开文件

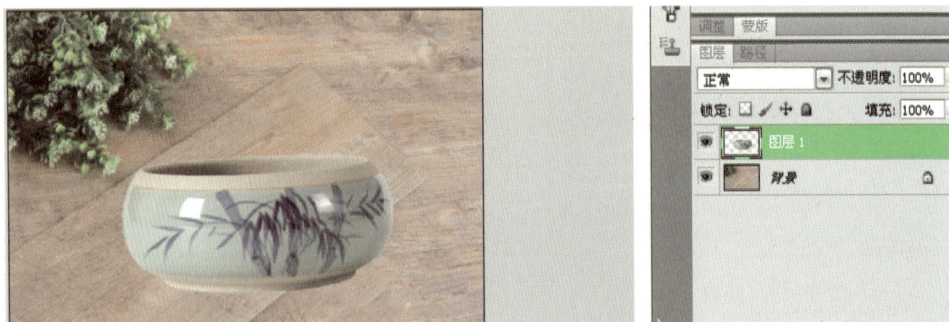

图 3-44　最终效果

案例 3-7 利用自由钢笔工具抠图

制作步骤如下。

1）按 Ctrl+O 组合键，打开文件"3.52.jpg"，如图 3-45 所示。

2）按 Ctrl+"+"组合键放大图像，选择工具箱中的自由钢笔工具，在属性栏中选中"磁性的"复选框，在图像中单击创建路径起点，如图 3-46 所示。

3）沿青瓷盖碗方向按住鼠标左键围着青瓷盖碗的边进行拖动，使曲线贴合青瓷盖碗图案的边缘，如果路径绘制有误可以用添加锚点工具和删除锚点工具进行修改，如图 3-47 所示。

4）当路径终点与创建的路径起点相连接时，路径会自动闭合，如图 3-48 所示。

图 3-45 打开文件

图 3-46 创建路径起点

图 3-47 绘制路径

图 3-48 路径闭合

5）打开"路径"面板，在其中即可看到创建的工作路径，如图 3-49 所示。

6）按 Ctrl+Enter 组合键将路径转换为选区，如图 3-50 所示。

图 3-49　创建的路径

图 3-50　将路径转换为选区

7）打开文件"3.52背景.jpg"，如图3-51所示。

图 3-51　打开文件

8）将选区中的青瓷盖碗移动至"3.52背景.jpg"中，适当调整茶杯的大小与位置，最终效果如图3-52所示。

图 3-52　最终效果

3-6 用通道抠图

通道是存储不同类型信息的灰度图像，包括颜色通道、Alpha通道和专色通道。

1. 颜色通道

在打开新图像时自动创建颜色通道。图像的颜色模式决定了所创建的颜色通道的数目。例如，RGB图像的每种颜色（红色、绿色和蓝色）都有一个通道，并且还有一个用于编辑图像的复合通道，如图3-53所示。

2. Alpha 通道

Alpha通道将选区存储为灰度图像。可以添加Alpha通道来创建和存储蒙版，这些蒙版用于处理或保护图像的某些部分，如图3-54所示。

图 3-53 RGB 图像的颜色通道

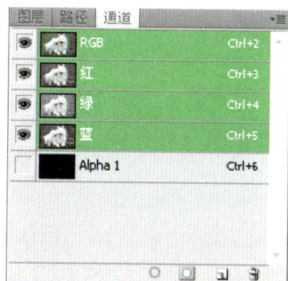

图 3-54 添加 Alpha 通道

3. 专色通道

专色通道为指定用于专色油墨印刷的附加印版，如图3-55所示。

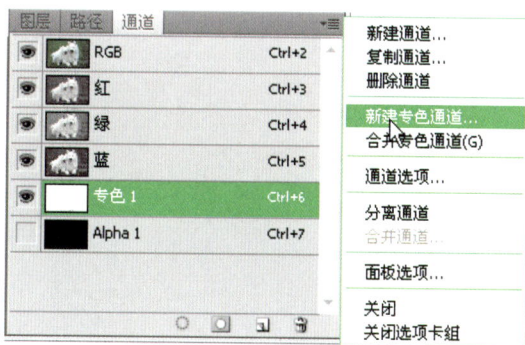

图 3-55 专色通道

需要抠取图像中较复杂的部分时，可以在"通道"面板中挑选当前图像中对比最明显的通道将其复制，然后运用各种方法使之对比更加明显，最终形成鲜明的黑白对比，再返回"图层"面板中整合蒙版。

案例 3-8　用通道抠图

制作步骤如下。

1) 按Ctrl+O组合键，打开文件"3.6.jpg"，如图3-56所示。

图 3-56　打开文件

2) 在"通道"面板中分别单击"红""绿""蓝"3个通道，观察图像对比度最大的通道，如图3-57所示。通过观察可以发现，在选择"蓝"通道时，图像的黑白对比效果最强烈，复制"蓝"通道的"蓝副本"。

图 3-57　观察对比度

3）按Ctrl+L组合键执行"色阶"命令，弹出"色阶"对话框，并在其中设置输入色阶为"60""1.00""193"，如图3-58所示，也就是将暗部调暗，亮部调亮，加强对比度，设置好后单击"确定"按钮，即可得到图3-59所示的效果。

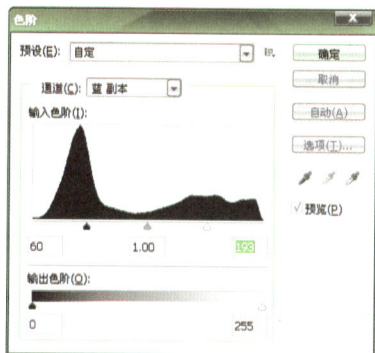

图 3-58　设置输入色阶

图 3-59　效果

4）在工具箱中设置前景色为白色，再选择画笔工具，并在属性栏的"画笔选取器"中选择所需的画笔，设置"大小"为60像素，如图3-60所示。然后在画面中猫身上进行涂抹，将其涂白，如图3-61所示。

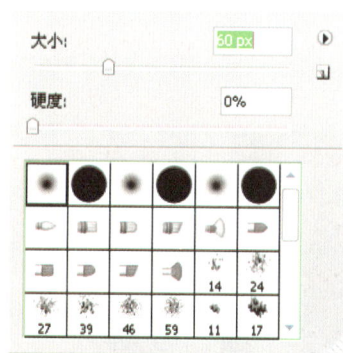

图 3-60　设置画笔大小

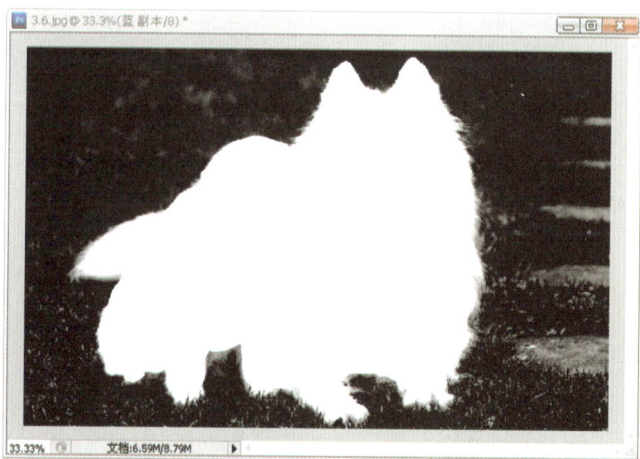

图 3-61　涂白

5）设置背景色为黑色，使用画笔工具在画面中猫背部背景区域进行涂抹，将其涂黑，涂黑后的效果如图3-62所示。

6）在"通道"面板中单击"将通道作为选区载入"按钮，将"蓝副本"通道载入选区，从而得到图3-63。

7）在"通道"面板中激活"RGB"复合通道，对复合通道进行编辑，也即返回到"图层"面板，其画面效果如图 3-64 所示。

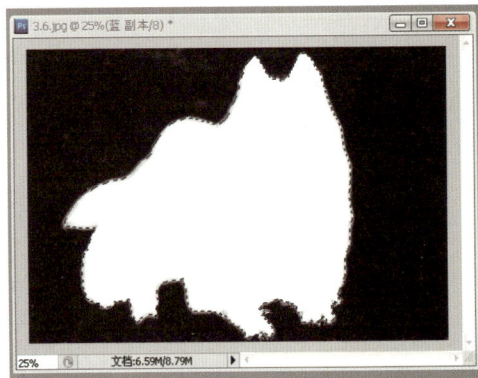

图 3-62　涂黑　　　　　　　　　　　　　　图 3-63　效果

图 3-64　编辑效果

8）打开文件"3.6背景.jpg"，如图3-65所示。

图 3-65　打开文件

9）将选区中的小狗移动至"3.6背景.jpg"中，适当调整小狗的大小与位置，最终效果如图3-66所示。

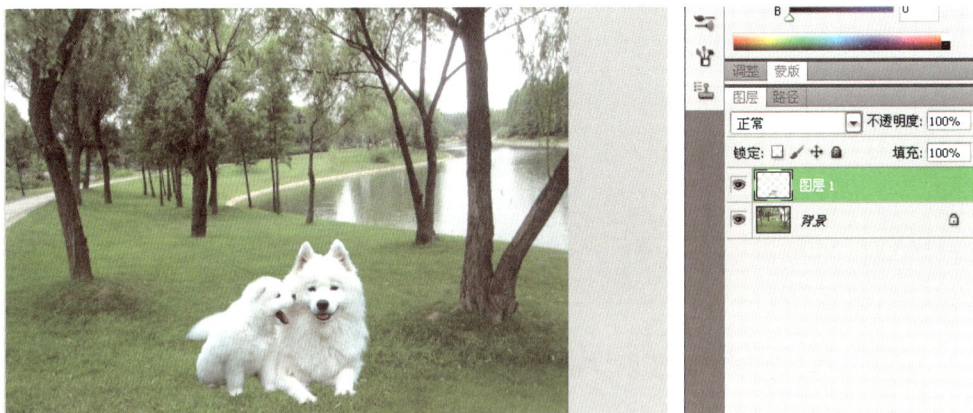

图 3-66　最终效果

单元 4

网店文字制作

单元简介

文字是网店装修设计中不可或缺的重要元素，不管是在网店装修，还是在店铺的商品促销中，文字的使用都非常广泛。对文字进行编辑与设计，不但能够有效地表现店铺活动的主题，还可对商品图像起到美化的作用。本单元将详细讲述网店文字的制作技巧。本单元的主要内容如下：

1. 横排、竖排文字效果。
2. 文字的立体效果。
3. 文字的描边效果。
4. 文字的变形效果。
5. 文字的沿路径排列效果。

4-1　横排、竖排文字效果

在网店文字的编辑过程中，横排与竖排是比较常见的两种效果。本节通过学习横排、竖排文字工具的使用，讲解这两种文字效果的制作方法。

1. 文字工具的属性栏

文字工具的属性栏如图4-1所示，其说明如表4-1所示。

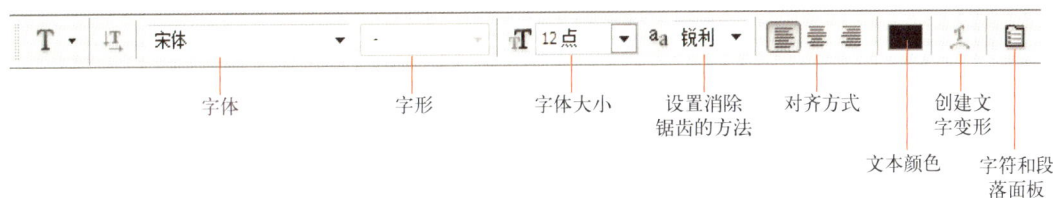

字体　　　　　字形　　　　字体大小　　设置消除　　对齐方式　　　　创建文
　　　　　　　　　　　　　　　　锯齿的方法　　　　　　　　　　字变形
　　　　　　　　　　　　　　　　　　　　　　　文本颜色　　字符和段
　　　　　　　　　　　　　　　　　　　　　　　　　　　落面板

图4-1　文字工具属性栏

表4-1　文字工具属性栏的说明

名　称	说　明
字体	设置文字的字体。单击其右侧的倒三角按钮，在弹出的下拉列表框中可以选择字体
字形	设置字体形态。只有使用某些具有该属性的字体，该下拉列表框才能激活，包括Regular(规则的)、Italic（斜体）、Bold（粗体）、Bold Italic（粗斜体）、Black（加粗体）
字体大小	单击其右侧的倒三角按钮，在弹出的下拉列表框中选择需要的字号或直接在文本框中输入字体大小值
设置消除锯齿的方法	设置消除锯齿的方法
对齐方式	包括左对齐、居中对齐和右对齐，可以设置段落文字的排列方式
文本颜色	设置文字的颜色。单击打开"拾色器"对话框，在对话框中选择字体颜色
创建文字变形	单击打开"变形文字"对话框，在对话框中可以设置文字变形
字符和段落面板	单击该按钮，可以显示或隐藏"字符"面板和"段落"面板，用来调整文字格式和段落格式

2. 字符和段落属性

（1）字符属性

选择"窗口"→"字符"命令，或者在文字工具属性栏中单击"字符和段落面板"按钮，打开图4-2所示的"字符"面板。在其中可以设定文字的字体、大小、颜色、字距以及文字基线的移动等变化，其说明如表4-2所示。

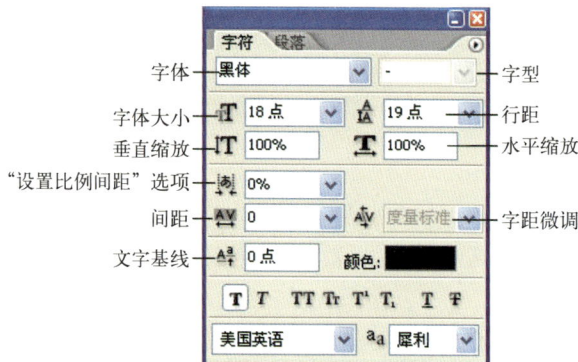

图 4-2 "字符"面板

表4-2 "字符"面板说明

名 称	选 项 说 明
字体	在下拉列表框中可以选择字体
字体大小	可以选择字体的大小
字型	可以设置字体的粗细度和斜度
行距	指两行文字之间的基线距离，调整行距需要选中文字段落，然后在栏内输入数值，或在弹出菜单中直接选择行距数值
间距	指文字之间的距离。调整间距需要选中文字，然后在栏内输入数值，输入正值会使字距加大，输入负值则会缩小字距
垂直缩放与水平缩放	水平缩放用于调整字符的宽度，垂直缩放用于调整字体的高度
字距微调	可以调整两个字符间的间距，其微调值以千分比来计算
文字基线	调整文字基线可以使选择的文字随设定的数值上下移动

（2）段落属性

选择"窗口"→"段落"命令，可以打开图4-3所示的"段落"面板。在其中可以设定段落的对齐方式、段前空格以及段后空格等，其说明如表4-3所示。

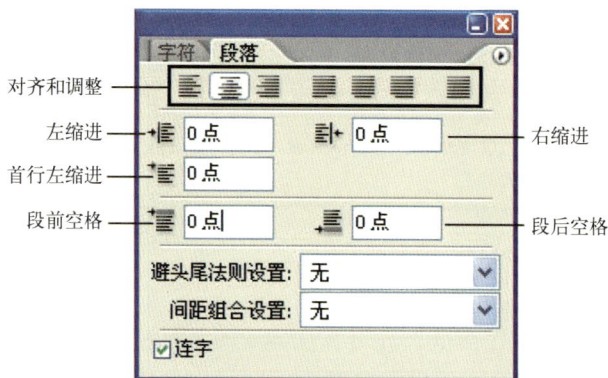

图 4-3 "段落"面板

表4-3 "段落"面板说明

名 称	选 项 说 明
对齐和调整	对齐方式有文字左对齐、居中对齐、右对齐、左右对齐、末行对齐、末行居中、末行右齐
左缩进	从段落的左边缩进。对于直排文字,此选项控制从段落顶端的缩进
右缩进	从段落的右边缩进。对于直排文字,此选项控制从段落底部的缩进
首行左缩进	缩进段落中的首行文字。对于横排文字,首行缩进与左缩进有关;对于直排文字,首行缩进与顶端缩进有关。要创建首行悬挂缩进,只要输入一个负值即可
段前空格和段后空格	可以控制段落上下的间距。选择要修改的段落,在"段落"面板中,为"段前空格"和"段后空格"输入值即可

案例4-1 文字的横排效果

制作步骤如下。

1)创建新文档,大小为400像素×400像素,如图4-4所示。

2)在工具箱中选择横排文字工具,如图4-5所示。

3)在文档窗口中输入文字"店铺公告",文字的字体、大小、颜色参考图4-6和图4-7设置,全选文字,黑色表示文字在选择状态。

图 4-4 创建文档

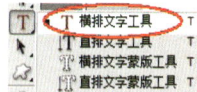

图 4-5 选择横排文字工具

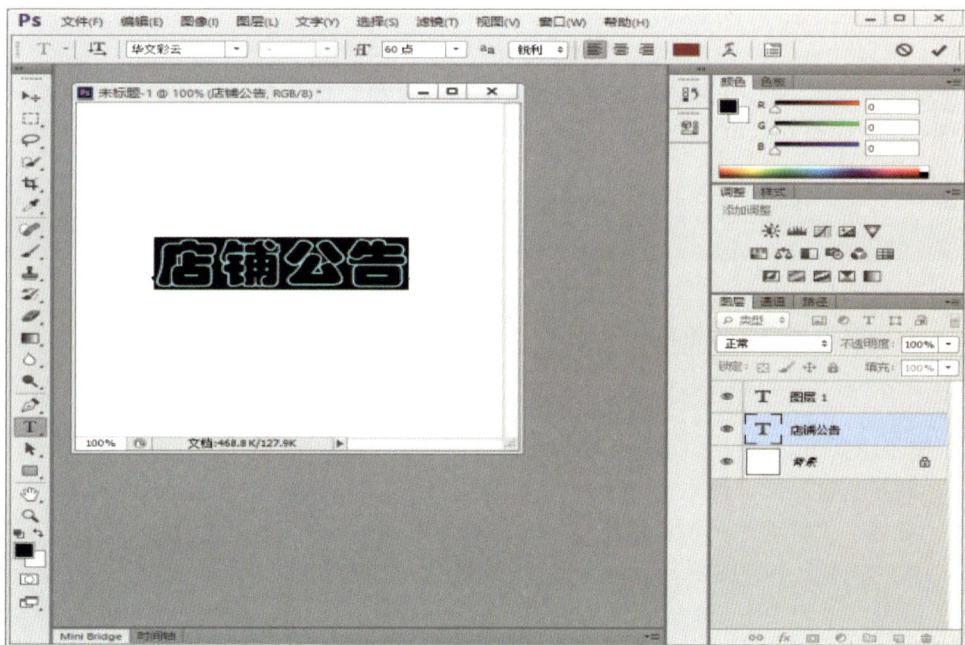

图 4-6 文字设置(一)

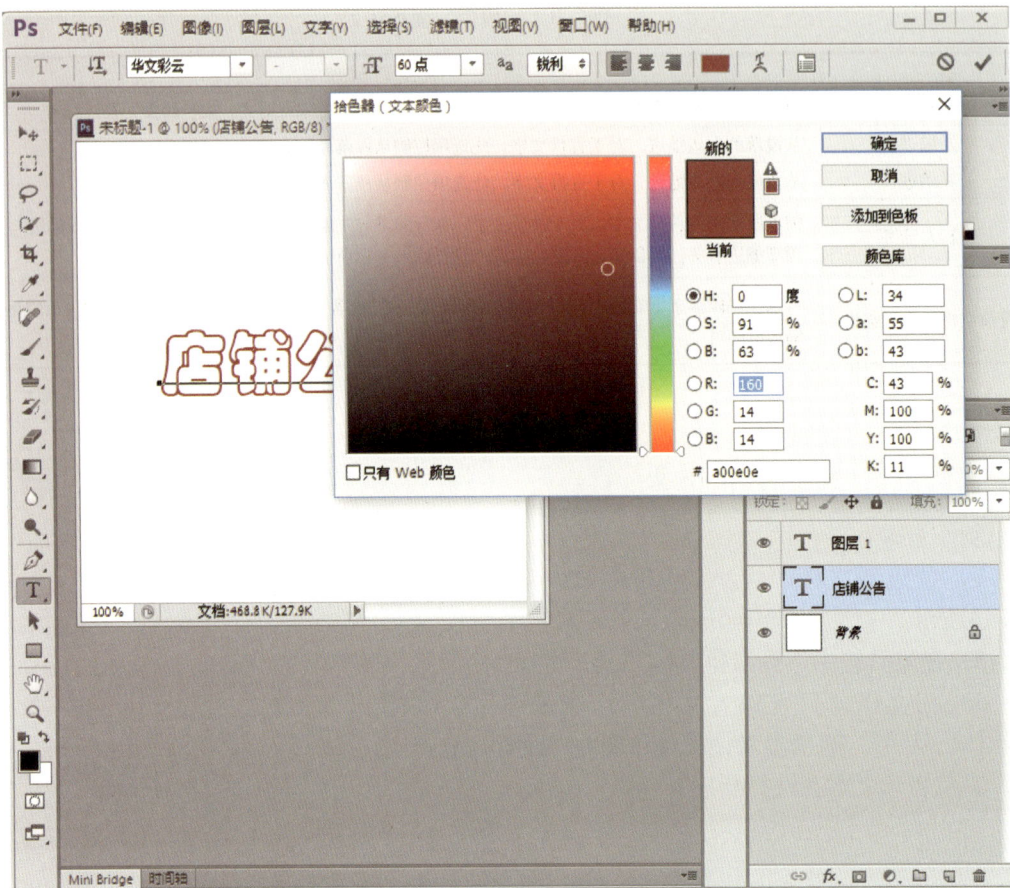

图 4-7　文字设置（二）

注意：改变文字大小不一定要输入数值，按住鼠标左键单击红圈内的文字标志，向右移动就是调大，向左移动就是调小，如图4-8所示。这对于控制文字的大小很有帮助。

图 4-8　调整文字大小

4）完成以上步骤，本案例制作完成。

案例 4-2　文字的竖排效果

制作步骤如下。

1）打开素材文件"连衣裙.jpg"。右击文字工具，在下拉菜单中选择竖排文字工具。

2）如图4-9所示，在新建的文字图层的相应位置输入"此刻你就是……"，设置字体为宋体、字体大小为18点，颜色为黑色（RGB：0、0、0）。输入文字"优雅女人的夏天"，设置字体为宋体、字体大小为30点，颜色为橙色（RGB：238、85、44）。

3）利用裁剪工具将右边多余的部分裁去，最终效果如图4-10所示。

图 4-9　输入文字

图 4-10　最终效果

4-2　文字的立体效果

　　文字的立体效果要用到斜面和浮雕图层样式。斜面和浮雕是Photoshop图层样式中最复杂的，包括内斜面、外斜面、浮雕、枕形浮雕和描边浮雕。虽然每一项中包含的设置选项都是一样的，但是制作出来的效果却大相径庭。

　　斜面和浮雕图层样式对话框如图4-11所示。

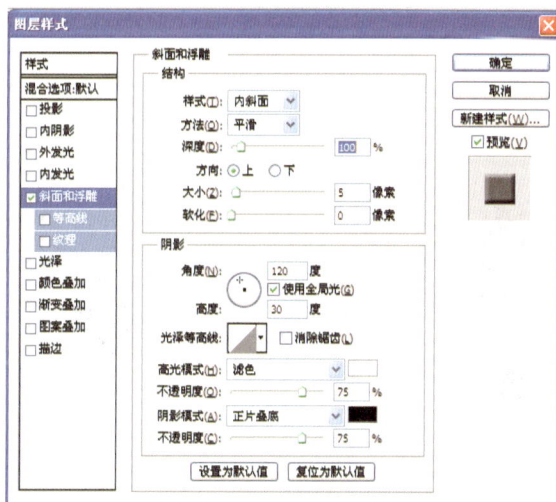

图 4-11　"图层样式"对话框

常用参数说明如表4-4所示。

表4-4　参数说明

名　称	选 项 说 明
样式	1. 选择"外斜面"，可以在图层内容的外侧边缘创建斜面 2. 选择"内斜面"，可以在图层内容的内侧边缘创建斜面 3. 选择"浮雕效果"，可以模拟图层内容相对于下层图层所呈现出的浮雕状的效果 4. 选择"枕形浮雕"，可以模拟图层内容的边缘压入下层图层中所产生的效果 5. 选择"描边浮雕"，可以将浮雕应用到图层描边效果的边界上，使该边界产生浮雕状的效果
方法	作用：用于设置浮雕边缘产生的效果 1. 选择"平滑"，能够稍微模糊杂边的边缘，它表示产生的浮雕效果边缘比较柔和 2. 选择"雕刻清晰"，表示产生的浮雕效果边缘立体感比较明显，雕刻效果清晰 3. 选择"雕刻柔和"，表示产生的浮雕效果边缘在"平滑"与"雕刻清晰"之间。它虽然不如"雕刻清晰"精确，但对较大范围的杂边更有用
深度	设置雕刻的深度，值越大，雕刻的深度也越大，浮雕效果也就越明显，浮雕的立体感就越强
方向	设置浮雕效果产生的方向，主要是高光和阴影区域的方向。定位光源角度以后，可以通过该选项设置高光和阴影的位置
大小	设置斜面和浮雕中高光和阴影的面积大小。值越大，高光和阴影的面积就越大
软化	设置斜面和浮雕中高光与阴影之间的模糊程度。值越大，高光与阴影之间的边界越模糊，效果就越柔和
角度和高度	1. "角度"选项用于设置光源的照射角度；"高度"选项用于设置光源的高度，当高度接近0时，几乎没有任何浮雕效果 2. 需要调整这两个参数时，可以在相应的文本框中输入数值，也可以拖动圆形图标内的指针来进行操作 3. 如果选中"使用全局光"复先框，则可以让所有浮雕样式的光照角度保持一致
光泽等高线	可以选择一个等高线样式，为斜面和浮雕表面添加光泽，创建具有光泽感的金属外观浮雕效果
消除锯齿	可以消除由于设置了光泽等高线而产生的锯齿
高光模式	设置高光的混合模式、颜色和不透明度
阴影模式	设置阴影的混合模式、颜色和不透明度

案例4-3　文字的立体效果

效果对比如图4-12所示。

（a）制作立体效果前　　　　　　　　　　　　　　（b）制作立体效果后

图4-12　效果对比

1）打开素材图像"4-3-1冰种.psd"，如图4-13所示。

2）选择文字图层，单击"图层样式"按钮 *fx.*，在弹出菜单中选择"斜面与浮雕"选项，如图4-14所示。

图4-13　打开文件

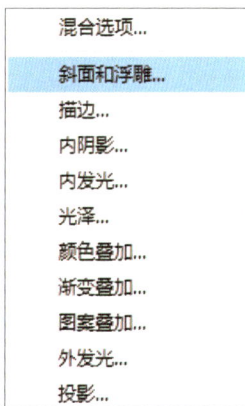

图4-14　选择"斜面和浮雕"选项

3）在弹出的"图层样式"对话框进行设置，如图4-15所示。

4）单击"确定"按钮，即可制造文字的立体效果，如图4-16所示。

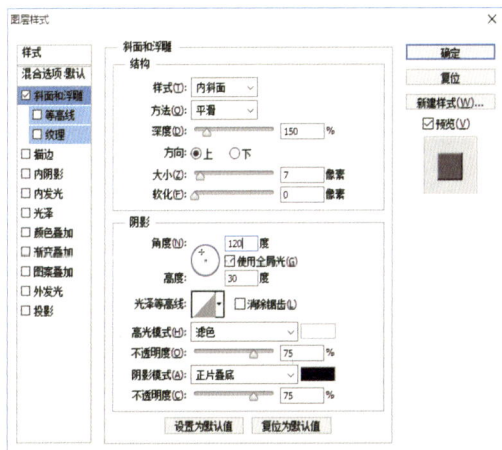

图4-15　"图层样式"对话框

图4-16　立体效果

4-3　文字的描边效果

描边样式直观简单，就是沿着图层中非透明部分的边缘描边，这在网店装修中经常用到。

描边"图层样式"对话框如图4-17所示。

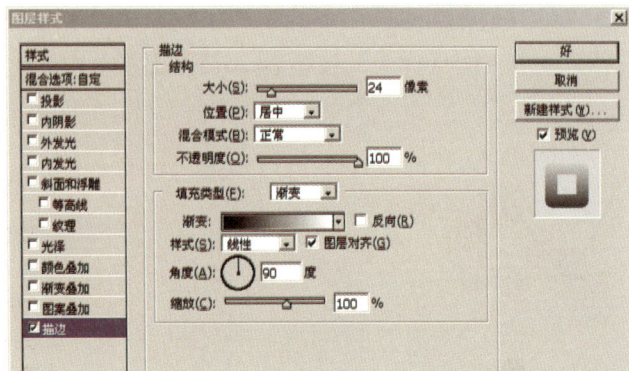

图 4-17　"图层样式"对话框

常用参数说明如表4-5所示。

表4-5　参数说明

名　称	选 项 说 明
大小	设置描边的宽度
位置	设置描边的位置，可以使用的选项包括内部、外部和居中，要注意边和选区之间的关系，例如： 居中描边　　　　外部描边　　　　内部描边
填充类型	"填充类型"包括颜色、渐变和图案，用来设定边的填充方式，默认填充类型为颜色

案例4-4　文字的描边效果

制作步骤如下。

1）新建文件，参数设置如图4-18所示。

图4-18　新建文件

2）设置背景颜色为浅蓝色，参数设置如图4-19所示。

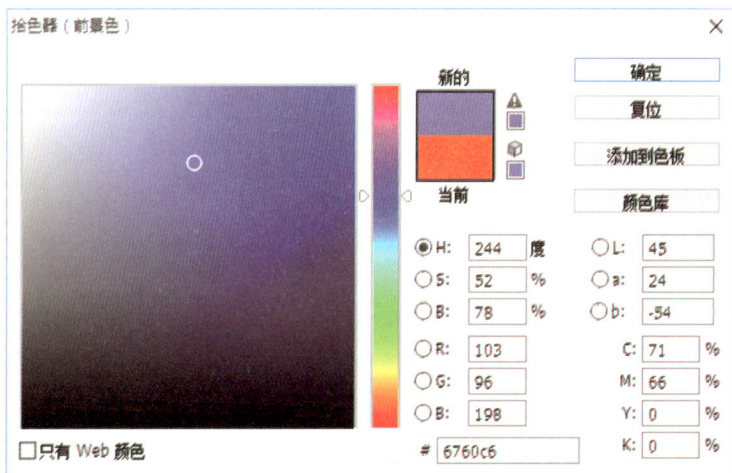

图4-19　参数设置

3）新建文字图层，输入文字"优惠活动"，设置文字大小为70点，字体为华文新魏，颜色为RGB（217、17、17），如图4-20所示。

图4-20　新建文字图层

4）双击图层后面的蓝色区域或单击"图层样式"按钮 _fx._ ，选择"描边"选项，弹出"图层样式"对话框，参数设置如图4-21所示。

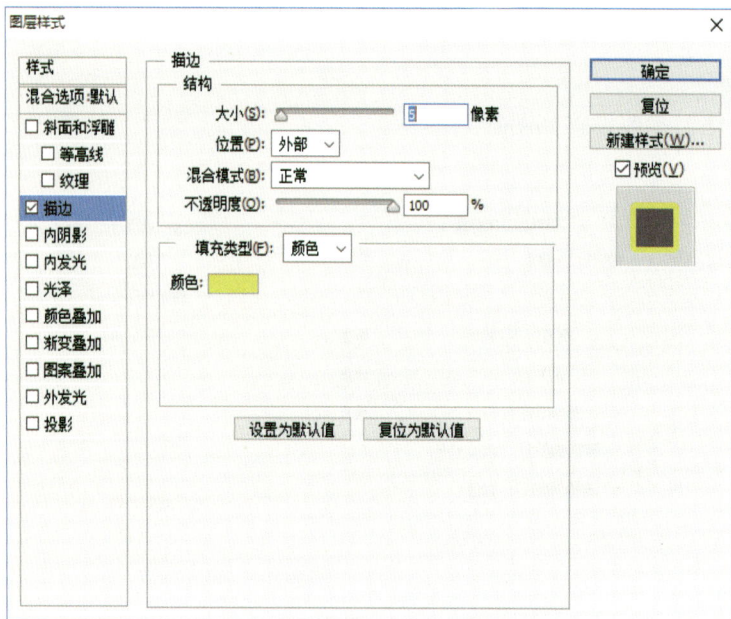

图 4-21　"图层样式"对话框

5）单击"确定"按钮，完成描边效果，如图4-22所示。

6）参考"描边"的方法，利用图层样式中的"投影"完成文字的投影效果制作（效果见图4-23）。

图 4-22　描边效果

图 4-23　投影效果

4-4　文字的变形效果

在网店装修、广告宣传中，经常会看到一些变形后的文字。这些文字是怎么变形的呢？Photoshop中文字变形可以通过变形文字、自由变换、转换为路径然后加工变形等获得。本节主要介绍通过文字变形的方法实现。

单击属性栏中的"变形文字"按钮，弹出"变形文字"对话框，如图4-24所示。

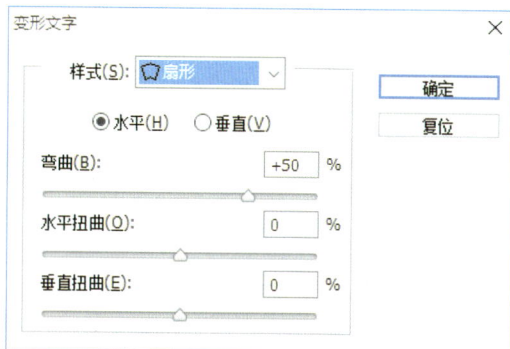

图 4-24 "变形文字"对话框

在样式下面有15种样式供选择：扇形、下弧、上弧、拱形、凸起、贝壳、花冠、旗帜、波浪、鱼形、增加、鱼眼、膨胀、挤压、扭转。下面以"扇形"为例说明各选项的设置。

1）选择"扇形"时，文字立刻变成图4-25所示的效果。

图 4-25 扇形文字

2）默认选中的是"水平"单选按钮，如果选中"垂直"单选按钮，就变成图4-26所示的效果。

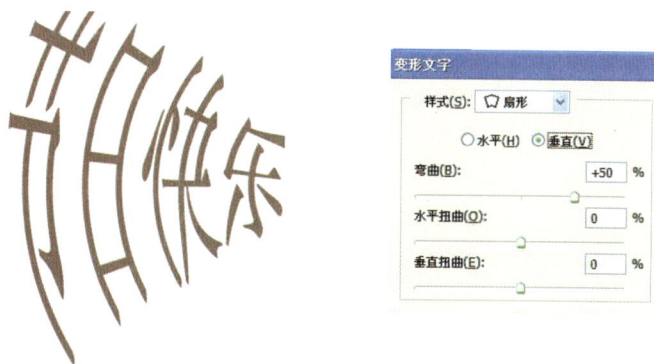

图 4-26 垂直样式

3）回到"水平"，接下来看弯曲程度：默认的是+50%，现在调到+88%，效果如图4-27所示，文字明显更圆了。

图 4-27 调节弯曲程度

4）现在保持弯曲度+88%不变，将水平扭曲调到+81%，效果如图4-28所示，左边的文字变小了，而右边的文字变大了。如果调到-81%则刚好相反，将使左边的文字变大，而右边的文字变小。

图 4-28 调节水平扭曲程度

5）将弯曲程度和水平扭曲程度都设置为0，将垂直扭曲程度调到+67%，文字是上小下大，如图4-29所示，如果调到-67%，则是上大下小。

图 4-29 调节垂直扭曲程度

6）其他的形状设置也是大同小异。

案例4-5 文字变形

操作步骤如下。

1）打开素材图像"鱼缸.jpg"，如图4-30所示。

图4-30　打开文件

2）新建文字图层，输入"体态自然"，设置字体为"黑体"、大小为"12点"、颜色为白色，如图4-31所示。

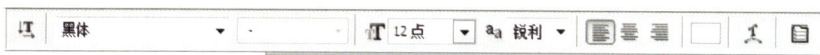

图4-31　设置文字

3）选择"体态自然"文字图层，单击属性工具栏中的"创建文字变形"按钮，弹出"变形文字"对话框中，设置样式为"鱼形"，其他参数均保持默认，如图4-32所示。

4）单击"确定"按钮，将变形文字移至合适的位置，完成文字变形效果制作，如图4-33所示。

图4-32　"变形文字"对话框

图4-33　完成效果

4-5 文字沿路径排列效果

在工作中经常要制作沿着路径方向的文字，如弧形文字、扇形文字、半圆形文字，还有绕圆形一周的文字。本节将介绍文字沿路径排列效果的制作。

路径文字制作中常见的符号如下。

1）把鼠标指针放到路径上任意一个位置作为输入起点，此时鼠标指针会发生变化，如图4-34所示，这时输入的文字会沿着路径走。

2）在输入完成后，会看到起点处显示一个叉，终点显示一个实心黑点，如图4-35所示（如果是封闭曲线，当输入的文字过长时，终点与起点会重合）。

图 4-34 鼠标指针形状　　　　　　　　　　图 4-35 输入完成

3）文字输完后，还可以进行调整，如可再次使用文字工具在之前输入的文字处单击，修改文字。

4）使用路径选择工具来移动起点与终点。将路径选择工具放置在起点或终点，鼠标指针会变为图4-36所示的样式，拖动它便可改变起点与终点的位置。

图 4-36 鼠标指针的形状发生变化

5）在添加文字后依然可以修改路径，此时文字也会跟着变化，如图4-37所示。

图 4-37 修改路径

6）沿路径输入文字时，如果输入横排文字，文字方向将与基线垂直；如果输入竖排文字，文字方向将与基线平行，如图4-38所示。

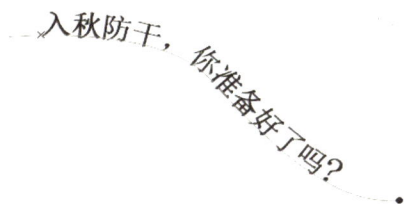

(a) 选择横排文字工具　　　　　　　　　　(b) 选择竖排文字工具

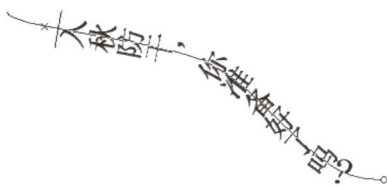

图 4-38　选择文字排列方式

案例 4-6　文字沿路径排列效果

制作步骤如下。

1) 新建文件，参数设置如图4-39所示。

2) 选择椭圆工具，在属性栏中选择路径。

3) 打开素材"路径文字.jpg"，选择钢笔工具，在画布中绘制一条路径，如图4-40所示。

4) 选择文字工具，设置字体为宋体，大小为36，颜色为RGB（195、123、10），将鼠标指针放到路径上，当指针变成曲线的时候，单击路径输入文字，这样文字就会沿着曲线路径方向排列，如图4-41所示。

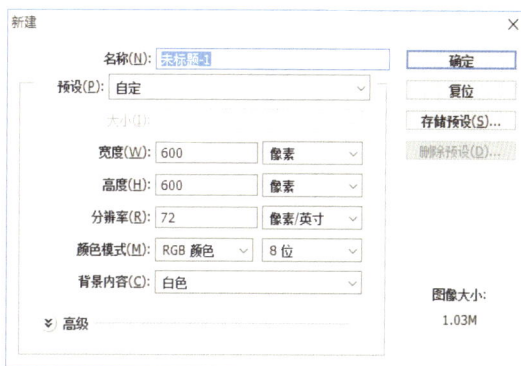

图 4-39　新建文件

图 4-40　绘制路径

图 4-41　输入文字

5) 给文字图层添加"投影"效果，如图4-42所示。

图 4-42 添加"投影"效果

6）保存文件，完成实例制作。

单元 5

综合实例——店铺海报设计

单元简介

海报是每个淘宝网店不可缺少的要素之一，网店的首页海报包括产品故事、爆款设计以及店铺活动等，直通车推广海报、活动海报等都可以促进网店推广。一张成功的海报必须目的明确且排版美观。因此，在制作的时候要注意版式的选择、色彩的搭配、文案的营销性三个方面。本单元用 4 个实例详细讲述制作海报的相关技能。本单元的主要内容如下。

1. 店铺海报设计基础知识。
2. 神奇面膜贴。
3. 浪漫七夕。
4. 生活家居。
5. 甜美主义女装。

5-1 店铺海报设计基础知识

1. 店铺海报设计的基本步骤

1）确定海报的尺寸。

2）与运营人员商讨活动内容及促销价格。

3）拟订文案。

4）挑选图片及素材。

5）制作1～3张不同色彩效果的海报，并挑选一张最好的（必要时可以征求多方意见后决定）。

6）试投放。

7）检查效果，如有必要可适当修改。

2. 店铺海报制作的要点

1）素材之间的衔接及色调的统一。

2）做店铺海报设计首先要确定主题，寻找与之相应的有关元素，做初步的文案设计，在文案信息里挖掘和海报有关的关键词。

3）寻找可以吸引眼球的图片做相应的处理，引起买家的兴趣。

4）给海报做相应的合理布局，从而提升店铺的整体效果。

5）充分的视觉冲击力可以通过图像和色彩来实现。

6）海报表达的内容要精练，抓住主要诉求点。

7）内容不可过多。

8）一般以图片为主，文案为辅。

9）主题字体醒目。

3. 店铺海报制作的基本技巧

一张促销海报，包括具体的三元素：背景、文案、产品信息。设计制作海报时可以在以下三个"三"中去探索。

1）三段文字。在海报的文案中主要信息有主标题、副标题、附加内容，设计的时候可以分为三段，段间距要大于行间距，上下左右也要有适当的留白。

2）三种字体。不是说一定要用三种字体，而是不能超过三种字体，很多看上去乱的海报就是因为字体不统一。主标题可以用粗大的字体，副标题字体则小一些。不要用有过多描边的字体，或与主体风格不一致的字体。

3）30%的留白。高端、大气、上档次是对设计的口头要求，可是什么是大气呢？其实空白就是气，要想大气就要多留白。大气就是"浪费"，要敢于浪费更多的空间。

5-2 神奇面膜贴

本实例是一则关于夏季神奇面膜贴的宣传广告。在制作时，首先选择蓝色作为主色调，并通过水漾等素材的添加营造出夏季清凉舒爽的视觉效果；然后通过融图的方式将人像及产品等素材与现有的背景画面相融合，使该设计色调统一、主题突出。

1. 制作背景

1）新建文档。选择"文件"→"新建"命令（或按Ctrl+N组合键），在弹出的"新建"对话框中设置相关参数，如图5-1所示。

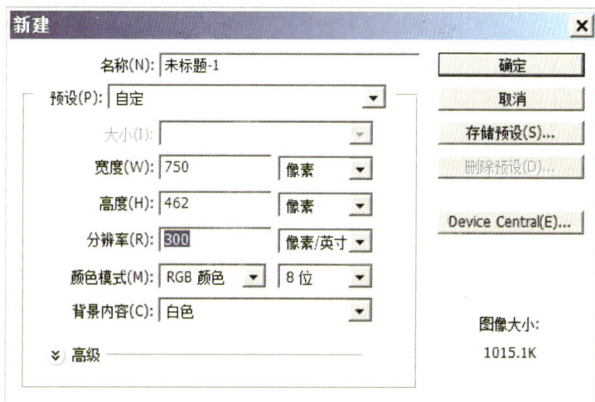

2）背景素材的添加。选择"文件"→"打开"命令，在弹出的"打开"对话框中选择"背景素材.png"文件，双击将其导入文档，并调整其在画布上的位置，如图5-2所示。

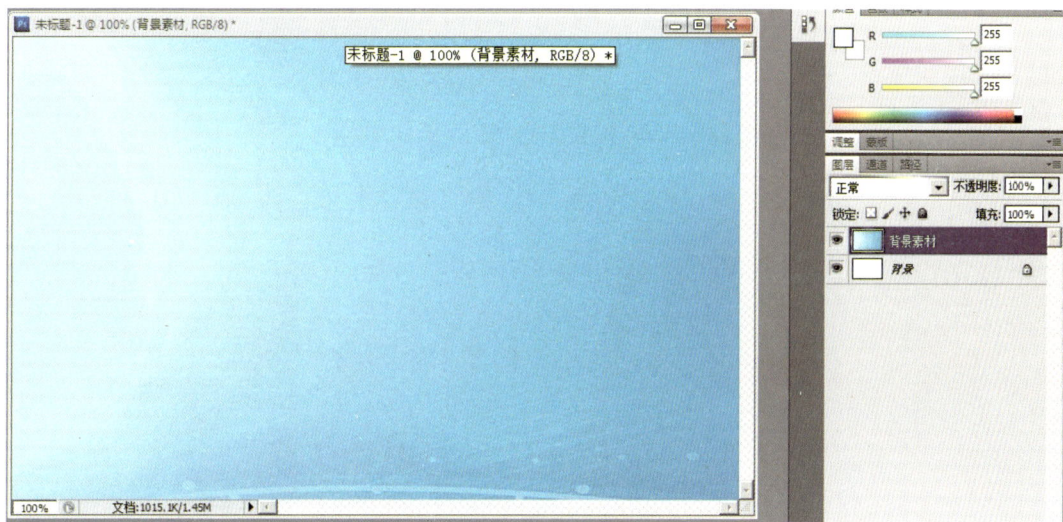

图 5-1 "新建"对话框

图 5-2 打开文件

2. 添加装饰性素材

1）人像素材的添加。按照上述方式继续添加人像素材到画布中，然后通过添加图层蒙版并结合画笔工具的使用擦除素材在画面中不需要作用的部分，如图5-3所示。

图 5-3　添加人像素材

2）水珠、产品及渐变素材的添加。按照上述方式继续添加水珠、产品以及渐变等素材，效果如图5-4所示。

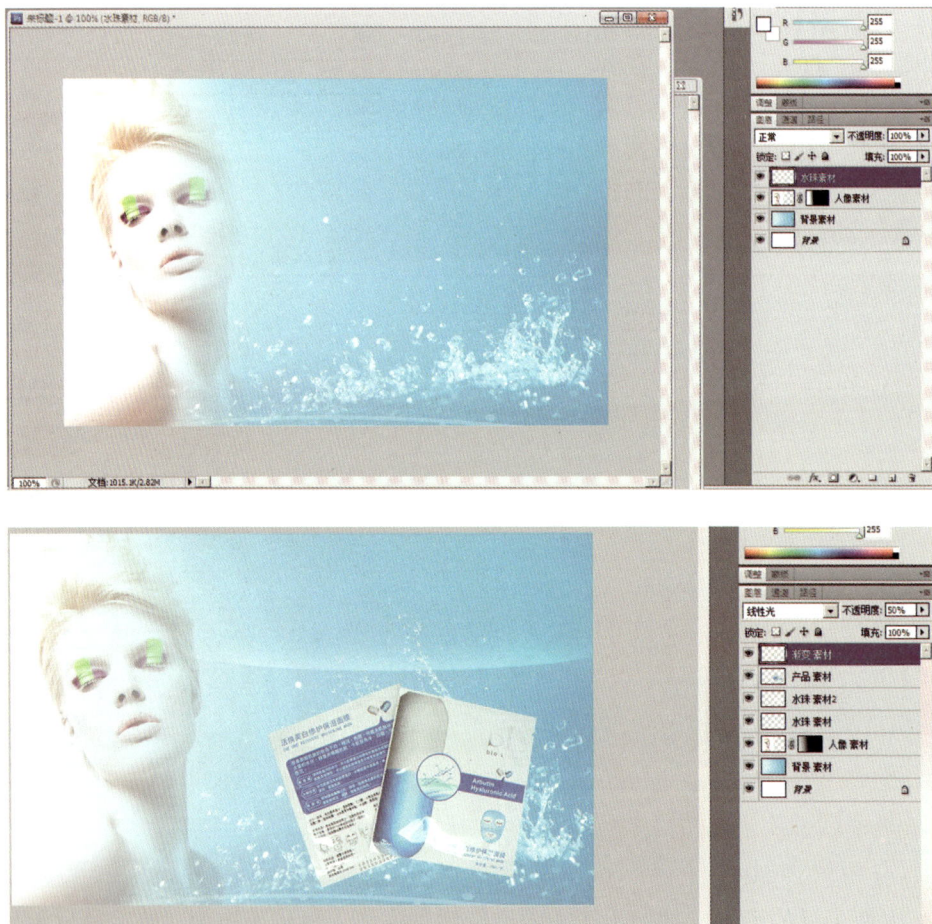

图 5-4　添加水珠、产品及渐变素材

3）圆角矩形色块的制作。在工具箱选择圆角矩形工具，在画布中勾勒出圆角矩形闭合路径后转换为选区，将前景色设置为蓝色，然后按Alt+Delete组合键进行填充，如图5-5所示。

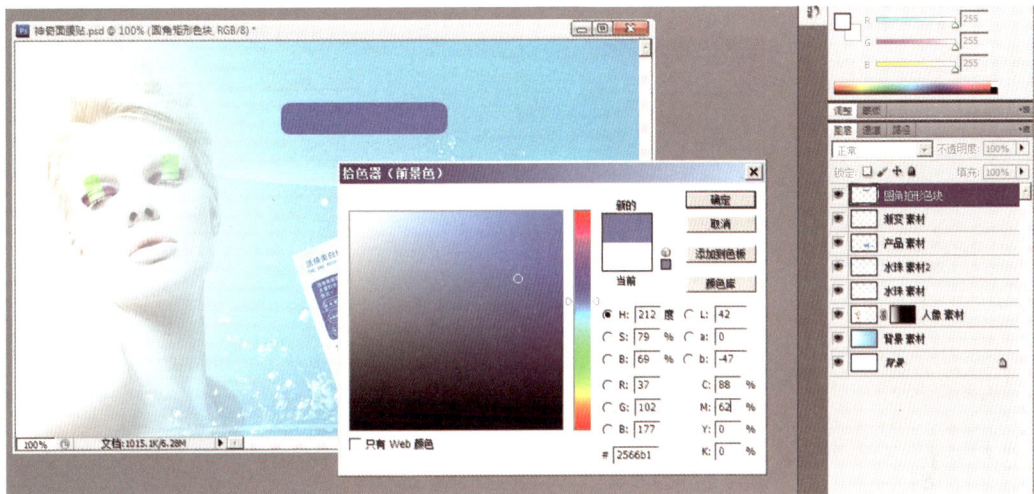

图 5-5　制作圆角矩形色块

3．制作文字效果

1）输入"肌肤水嫩"等文字。选择工具箱中的文字工具，在画布中绘制文本框并输入对应的文字内容。选择"窗口"→"字符"命令，在弹出的"字符"面板中对其参数进行设置，如图5-6所示。

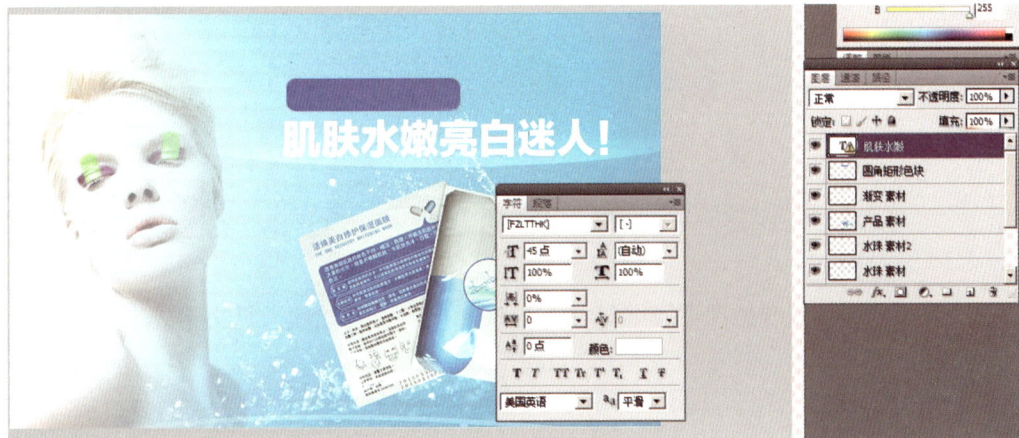

图 5-6　"字符"面板

2）制作投影效果。在"图层"面板中单击"添加图层样式"按钮，在弹出的下拉列表中选择"投影"选项，在弹出的"图层样式"对话框中对其参数进行设置后单击"确定"按钮，如图5-7所示。

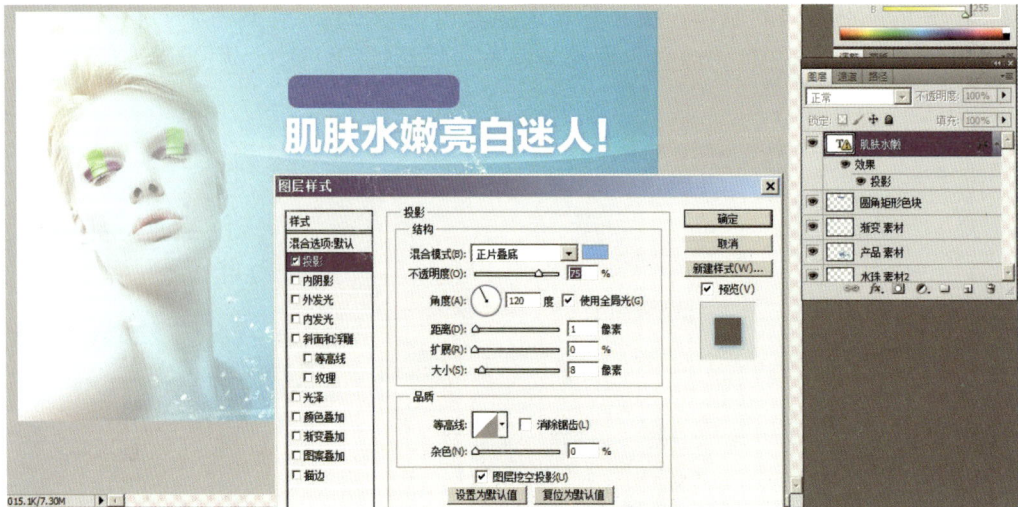

图 5-7　设置图层样式

3）输入"活焕美白"等文字。按照上述方式继续进行文字效果的制作，如图5-8所示。

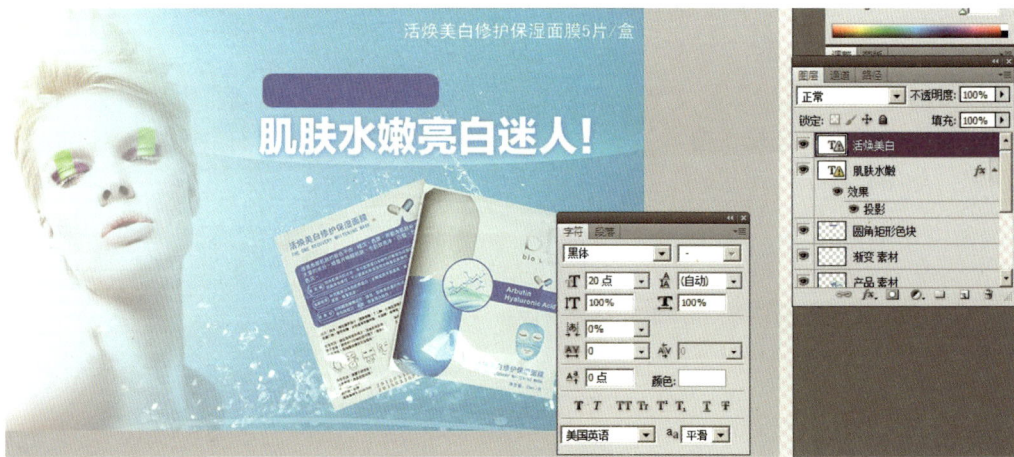

图 5-8　制作文字效果

4）输入"医学美容护理面膜"等文字。按照上述方式继续进行文字效果的制作，如图5-9所示。

4．调整整体色调

1）曲线的调整。单击"图层"面板下方的"创建新的填充或者调整图层"按钮，在弹出的下拉列表中选择"曲线"选项，在弹出的"调整"面板中对其参数进行设置，效果如图5-10所示。

2）色相/饱和度的调整。单击"图层"面板下方的"创建新的填充或者调整图层"按钮，在弹出的下拉列表中选择"色相/饱和度"选项，在弹出的"调整"面板中对其参数进行设置。最终效果图如图5-11所示。

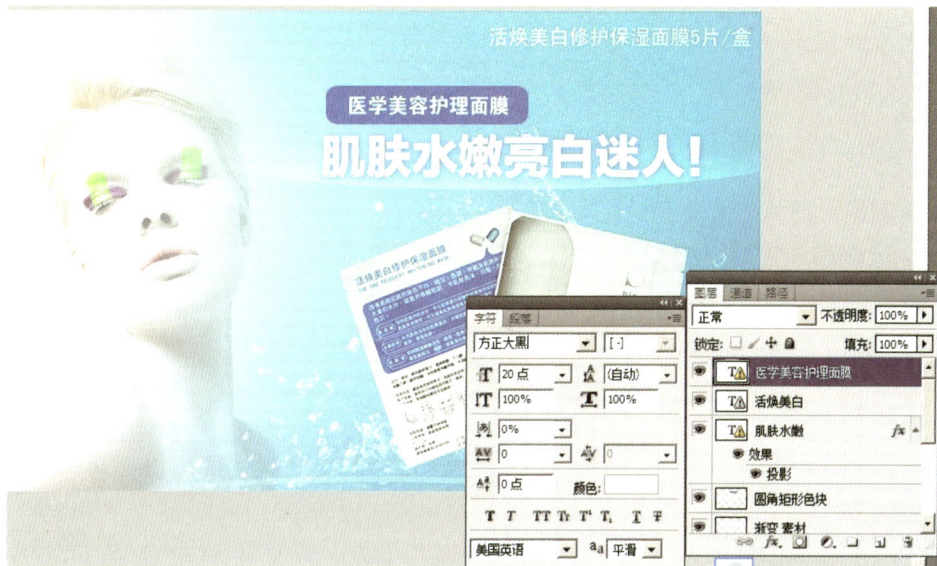

图 5-9　继续制作文字效果

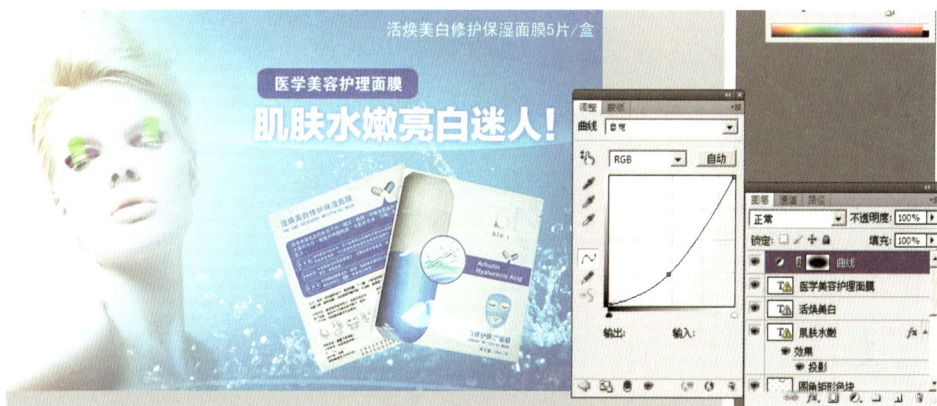

图 5-10　调整曲线

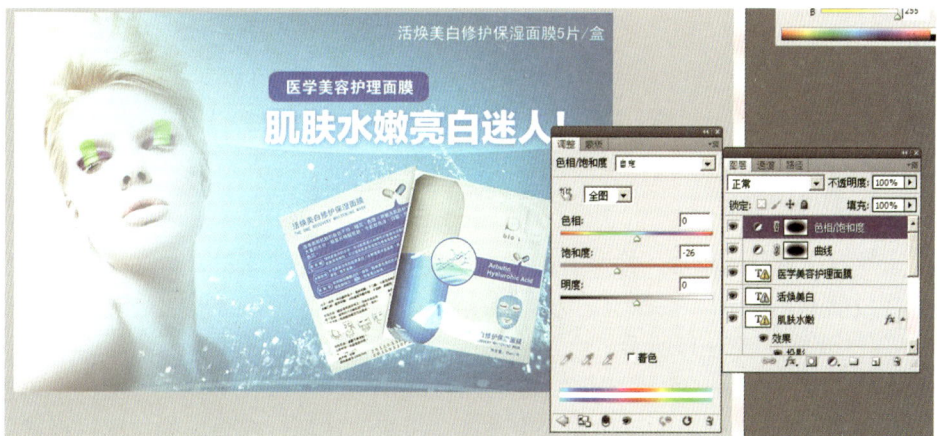

图 5-11　调整色相／饱和度

5-3 浪漫七夕

本实例是一则关于浪漫七夕促销的宣传广告。在制作时以七夕立体贺卡为主体,通过玫瑰花、玩偶小熊等素材的添加,营造出浪漫温馨的情人节氛围;再进行文字效果的制作,使最终画面主题突出、色调统一。

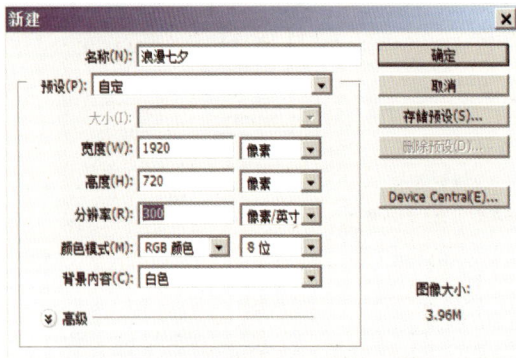

图 5-12 "新建"对话框

1. 制作背景

1)新建文档。选择"文件"→"新建"命令(或按Ctrl+N组合键),在弹出的"新建"对话框中设置相关参数,如图5-12所示。

2)背景素材的添加。选择"文件"→"打开"命令,在弹出的"打开"对话框中选择"背景素材.jpg"文件,双击将其导入文档,并调整其在画布上的位置,如图5-13所示。

图 5-13 打开文件

2. 添加装饰性素材

1)蕾丝花边素材的添加。按照上述方式继续添加蕾丝花边素材,效果如图5-14所示。

2)底纹素材的添加。按照上述方式继续添加底纹素材,并将该图层的不透明度调整到"80%",效果如图5-15所示。

3)窗帘素材的添加。按照上述方式继续添加窗帘素材,并在"图层"面板中单击"添加图层样式"按钮,在弹出的下拉列表中选择"投影"选项,在弹出的"图层样式"对话框中对其参数进行设置后单击"确定"按钮,如图 5-16 所示。

图 5-14　添加蕾丝花边素材

图 5-15　添加底纹素材

图 5-16　添加窗帘素材

4）信纸等素材的添加。按照上述方式继续添加信纸等素材，效果如图5-17所示。

图 5-17　添加信纸等素材

5）玩具熊素材的添加。按照上述方式继续添加玩具熊素材，并通过添加图层样式的方式对该素材进行投影效果的制作，如图5-18所示。

图 5-18　添加玩具熊素材

6）玫瑰素材的添加。按照上述方式继续添加玫瑰花素材，如图5-19所示。

图 5-19　添加玫瑰花素材

3. 制作文字效果

1）制作"您准备好了吗"文字效果。选择工具箱中文字工具，在画布中绘制文本框并输入对应文字内容。选择"窗口"→"字符"命令，在弹出的"字符"面板中对其参数进行设置，如图5-20所示。

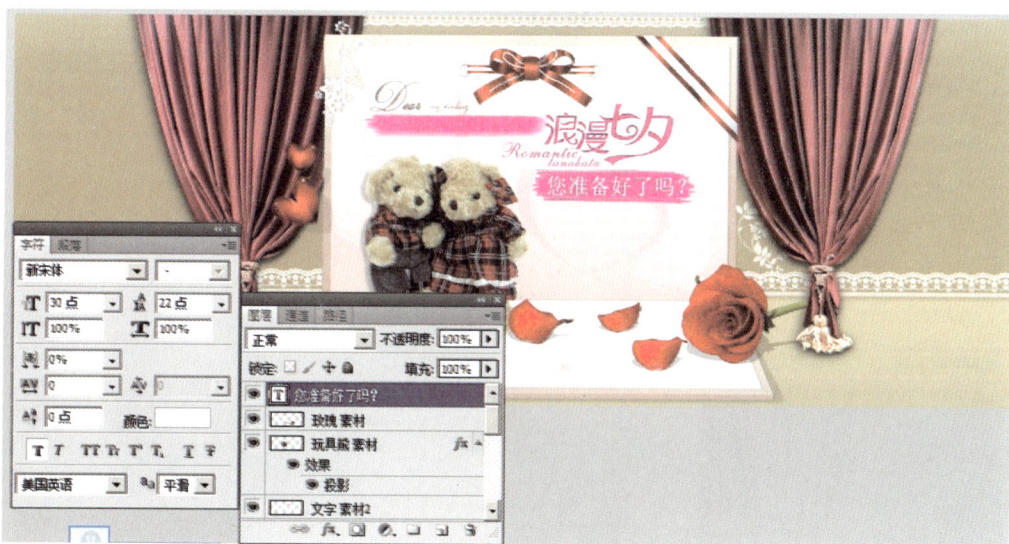

图 5-20　"字符"面板

2）制作投影效果。在"图层"面板中单击"添加图层样式"按钮，在弹出的下拉列表中选择"投影"选项，在弹出的"图层样式"对话框中对其参数进行设置后单击"确定"按钮，如图5-21所示。

3）制作其他文字效果。按照上述方式继续制作其他文字效果。最终效果如图5-22所示。

图 5-21　制作投影效果

图 5-22　最终效果

5-4　生活家居

本实例是一则关于床上用品新品特惠的宣传广告。在制作时首先选择白色作为背景色，再进行产品素材的添加，使整体页面以蓝白色为主色调；配合黑色的主题文字，使画面看起来更加清爽、简约。

1. 制作背景

1）新建文档。选择"文件"→"新建"命令（或按Ctrl+N组合键），在弹出的"新建"对话框中设置相关参数，如图5-23所示。

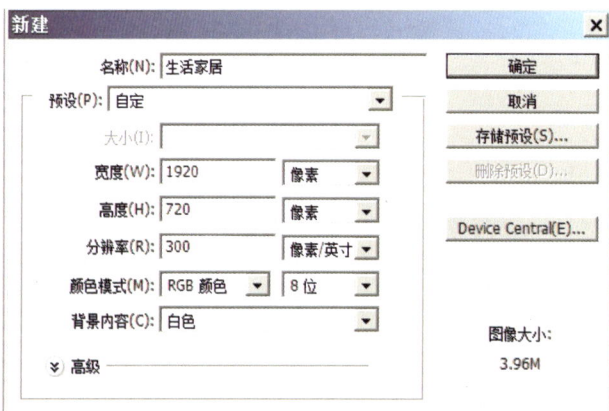

图 5-23　"新建"对话框

2）背景素材的添加。选择"文件"→"打开"命令，在弹出的"打开"对话框中选择"背景素材.png"文件，双击将其导入文档，并调整其在画布上的位置，如图5-24所示。

2. 添加装饰性素材

1）花纹素材的添加。按照上述方式继续添加花纹素材，效果如图5-25所示。

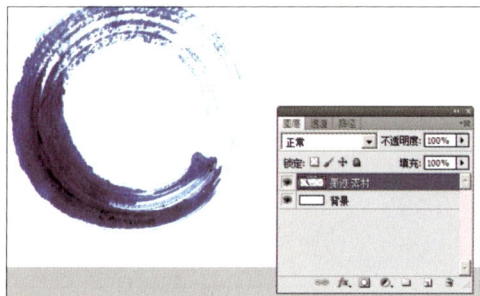

图 5-24　添加背景素材

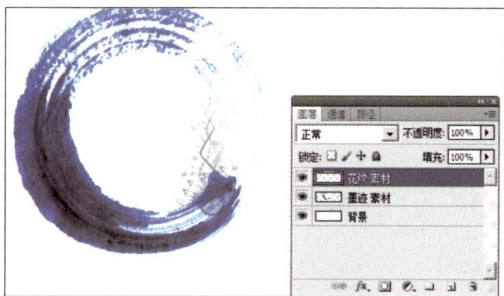

图 5-25　添加花纹素材

2）印泥素材的添加。按照上述方式继续添加印泥素材，效果如图5-26所示。

3）产品素材的添加。按照上述方式继续添加产品素材，效果如图5-27所示。

图 5-26　添加印泥素材

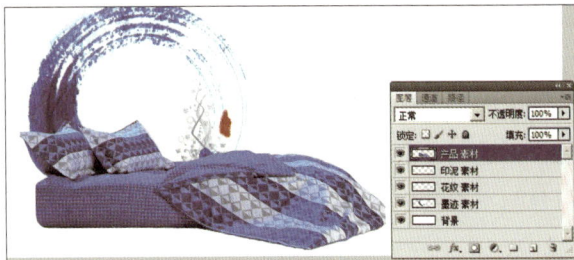

图 5-27　添加产品素材

3．制作文字效果

1）制作"八"文字效果。选择工具箱中的文字工具，在画布中绘制文本框并输入对应的文字内容。选择"窗口"→"字符"命令，在弹出的"字符"面板中对其参数进行设置，如图5-28所示。

图 5-28　"字符"面板

2）制作"十五"文字效果。按照上述方式继续制作文字效果，效果如图5-29所示。

图 5-29　制作"十五"文字效果

3）制作"月"文字效果。按照上述方式继续制作文字效果，效果如图5-30所示。

图 5-30 制作"月"文字效果

4）制作"哇卡哇卡"文字效果。按照上述方式继续制作文字效果，效果如图5-31所示。

图 5-31 制作"哇卡哇卡"文字效果

5）制作"相约在八月"文字效果。按照上述方式继续制作文字效果，效果如图5-32所示。

图 5-32 "相约在八月"文字效果

6）制作备注文字效果以及渐变叠加效果。按照上述方式继续制作文字效果，在"图层"面板中单击"添加图层样式"按钮，在弹出的下拉列表中选择"渐变叠加"选项，在弹出的"图层样式"对话框中对其参数进行图5-33所示的设置，单击"确定"按钮。最终效果如图5-34所示。

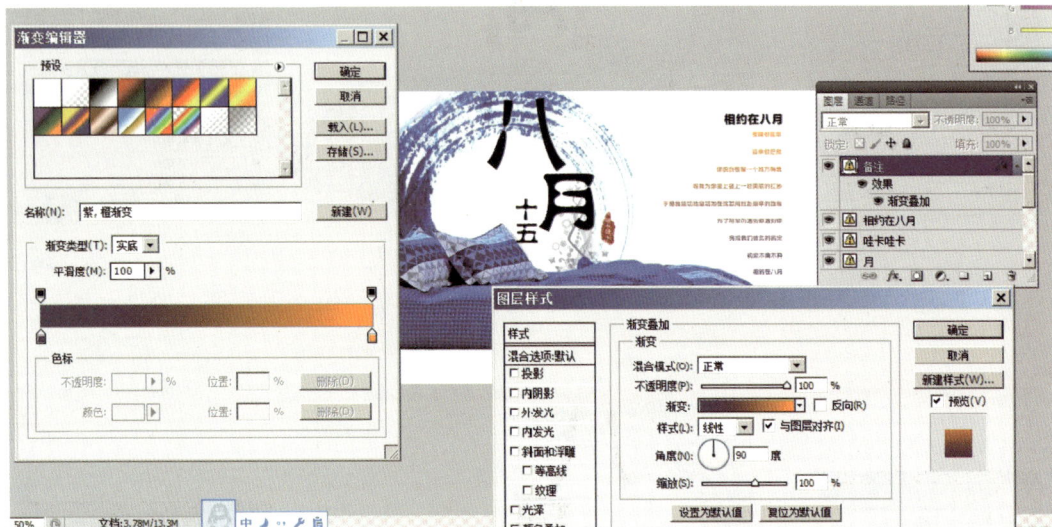

图 5-33　"图层样式"对话框

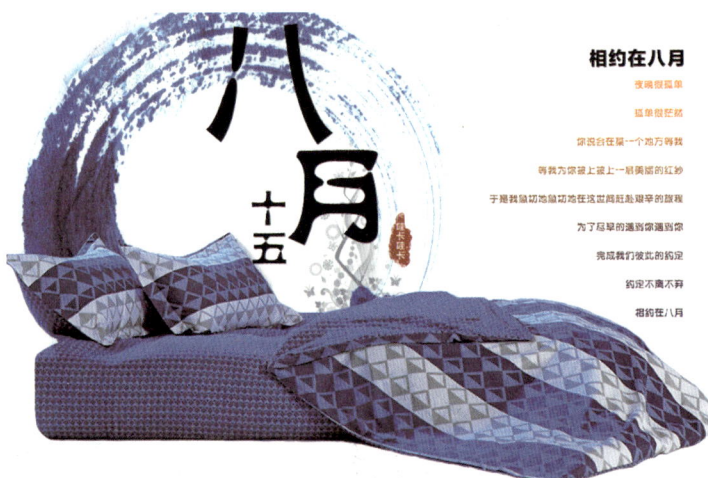

图 5-34　最终效果

5-5　甜美主义女装

本实例主要介绍一则甜美主义女装店铺宣传广告的设计，其中包括设计素材的多样化处理、特效的添加及整体光影的调节等。

1）选择"文件"→"新建"命令
（或按Ctrl+N组合键），在弹出的"新
建"对话框中设置相关参数，如图5-35
所示。

2）选择"文件"→"打开"命令，
在弹出的"打开"对话框中选择"背景素
材.png"文件，双击将其导入文档，调整
其在画布上的位置，并将该图层的不透明
度值调整为"56%"，如图5-36所示。

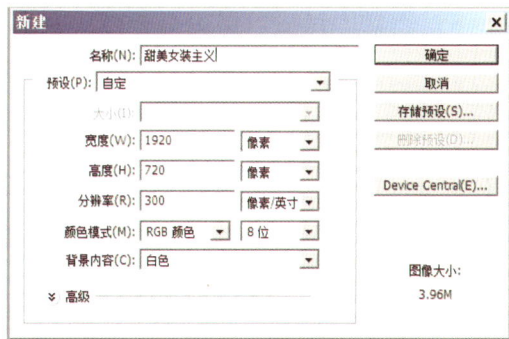

图 5-35　"新建"对话框

图 5-36　打开文件

3）单击"图层"面板下方的"创建新的填充或者调整图层"按钮，在弹出的下拉列
表中选择"曲线"选项，在弹出的"调整"面板中对其参数进行设置，如图5-37所示。
再通过添加图层蒙版并结合画笔工具的使用擦除画面中曲线不需要作用的部分。

图 5-37　设置曲线

4）新建图层后，用矩形选框工具在画布中绘制矩形选区，选择"编辑"→"描边"命令，在弹出的"描边"对话框中对其参数进行设置后单击"确定"按钮，效果如图5-38所示。

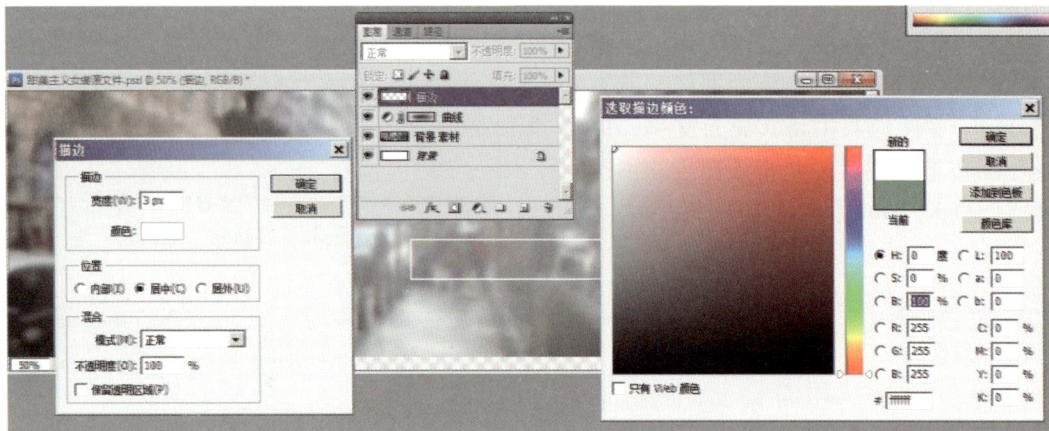

图 5-38　"描边"对话框

5）单击"图层"面板下方的"创建新的填充或者调整图层"按钮，在弹出的下拉列表中选择"渐变映射"选项，在弹出的"调整"面板中对其参数进行设置，并将该图层的混合模式更改为"柔光"、不透明度改为"73%"，如图5-39所示。

图 5-39　设置渐变映射

6）选择"文件"→"打开"命令，在弹出的"打开"对话框中选择"人像素材.png"文件。双击将其导入文档，并调整其在画布上的位置。再通过添加图层蒙版并结合画笔工具的使用擦除画面中不需要作用的部分，如图5-40所示。

7）选择文字工具，在画布中绘制文本框并输入"2018夏季新品会"。选择"窗口"→"字符"命令，在弹出的"字符"面板中对其参数进行设置，如图5-41所示。

8）在"图层"面板中单击"添加图层样式"按钮，在弹出的下拉列表中选择"描边"选项，在弹出的"图层样式"对话框中对其参数进行设置后单击"确定"按钮，如图5-42所示。

图 5-40　打开文件

图 5-41　"字符"面板

图 5-42　设置描边效果

9）新建图层后，用矩形选框工具在画布中绘制矩形选区，将前景色设置为粉色后按Alt+Delete组合键进行填充，效果如图5-43所示。

图 5-43　填充颜色

10）选择文字工具，在画布中绘制文本框并输入"HOT热销新品抢先看！"等。选择"窗口"→"字符"命令，在弹出的"字符"面板中对其参数进行设置，如图5-44所示。

图 5-44　设置字符

11）在"图层"面板中单击"添加图层样式"按钮，在弹出的下拉列表中选择"投影"选项，在弹出的"图层样式"对话框中对其参数进行设置后单击"确定"按钮，效果如图5-45所示。

图 5-45　设置图层样式

12）核实可见图层后，选择"滤镜"→"模糊"→"高斯模糊"命令，在弹出的"高斯模糊"对话框中对其参数进行设置后单击"确定"按钮 。再将该图层的混合模式更改为"柔光"，不透明度设为"60%"，效果如图5-46所示。

图 5-46　滤镜设置效果

13）新建图层后，用矩形选框工具在画布中绘制矩形选区，选择"编辑"→"描边"命令，在弹出的"描边"对话框中对其参数进行设置后单击"确定"按钮，效果如图5-47所示。

图 5-47　设置描边

14）新建图层后，用圆形选框工具在画布中绘制圆形选区，将前景色设置为白色后按Alt+Delete组合键进行填充，并将该图层的不透明度调整为"31%"，如图5-48所示。

图 5-48　填充

15）对已经制作好的圆形色块进行复制，并将其调整至画布中合适的位置，最终效果如图5-49所示。

图 5-49　最终效果

单元 6

综合实例——网店首页制作

单元简介

　　店铺装修的目的是提高转化率和让店铺更加整齐漂亮。其中最主要的目的是提高转化率，虽然很多买家都是通过宝贝详情页进入店铺，但买家如果对产品感兴趣，也会从详情页回到首页，然后慢慢欣赏店中的产品，再做决定。这样看来，店铺首页的装修也异常重要，特别是对于老顾客，他们大部分都是通过收藏店铺直接进入店铺的。那么该如何装修好首页呢？

　　本单元将通过一个实例详细讲解店铺首页装修的相关知识和技能。本单元的主要内容如下。

　　1. 店铺首页的组成。

　　2. 森艺轩店铺首页制作。

6-1 店铺首页的组成

店铺的首页一般包括以下内容。

1. 默认页头

默认页头（见图6-1）用来显示系统的内容，主要有淘宝网的LOGO、淘宝搜索、店铺名、店铺信誉、店铺动态评分、收藏店铺、店铺二维码等内容。

图6-1 默认页头

2. 店招

店招（见图6-2）在首页中可编辑区域的最顶端，是店铺的招牌。店招可以展示店铺的名字、LOGO、图片、收藏店铺及一些促销语。好的店招要求颜色正、字体美、图像精、大小合适、布局合理、美观大方、引人注目、易于识别。店招的大小一般为950像素×120像素。

图6-2 店招

3. 页面导航

页面导航（见图6-3）引导顾客浏览网店内容，默认有分类、首页、店铺活动等，可以根据自己的店铺进行自由设计。

图6-3 页面导航

4. 全屏轮播

全屏轮播（见图6-4）在店铺显要的位置，主要展示店铺内的商品或者店铺的促销活动，一般宽为1 920像素，高度可以自己设置。

图6-4　全屏轮播

5. 950展示区

950展示区主要用来投放950像素宽的轮播广告图、950像素宽的商品展示区、自定义内容、友情链接、店铺搜索、公益联盟、Flash模板等8类元素。

6. 750展示区

750展示区主要用来投放750像素宽的轮播广告图、750像素宽的商品展示区、自定义内容、店铺搜索、公益联盟、Flash模板等8类元素。

7. 左侧展示区

左侧展示区位于750展示区的左侧，大小为200像素，主要用来投放宝贝推荐、宝贝分类、宝贝排行榜、自定义、友情链接、图片轮播、客服中心、量子恒道、无线二维码、店铺动态组件、充值中心、搜索店铺宝贝、Flash模板区、猜你喜欢、公益广告等18类组件。

8. 全屏背景

全屏背景用来设置首页的页面背景，默认为白色背景。

9. 页尾区域

页尾区域在店铺的最底部，主要用来设置自定义区，一般店铺通常用来说明色差、所用快递、客服及投放页尾广告。

6-2 森艺轩店铺首页制作

设计制作一套店铺装修，要注意整体协调性。在设计制作过程中，无论对颜色、字体搭配，还是版面结构都需要整体进行调整修改。本节的主要内容是利用前面学到的Photoshop知识，完成森艺轩店铺首页设计的全过程。

案例中的整页设计布局可划分为图6-5所示的几个模块。

图6-5 森艺轩店铺首页

1）店招。

2）导航条。

3）促销图。

4）优惠券。

5）海报。

6）自定义栏目。

7）商品展示区。

8）页尾。

页面设计过程中常用到的代码色号如下。

1）主色调：#ffffff。

2）辅助色：#81ac41。

3）对比色：#c40001。

4）边框：#e4e4e4。

1. 新建文件

新建一个1200像素×1500像素的空白文档，背景色为白色，文件命名为"整页设计.psd"，如图6-6所示。

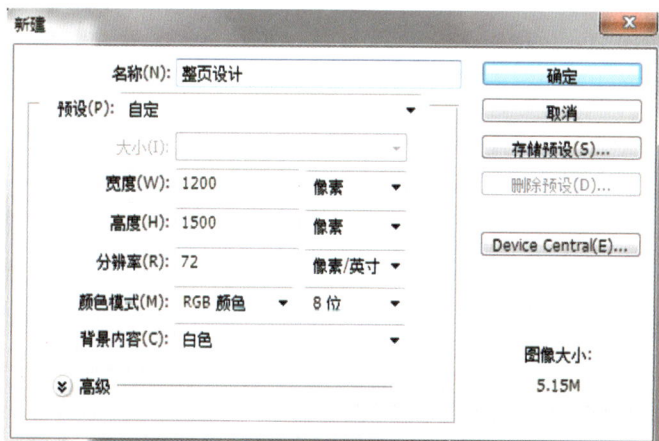

图6-6 新建"整页设计"文件

2. 创建页面参考线

1）"整页设计"页面设置的总宽度是1200像素，要在1200像素的页面居中位置划分950像素的区域。将1200像素减950像素得到250像素的宽度，950像素区域居中后，页面左右两侧预留125像素空白区域，如图6-7所示。

2）在950像素区域，划分出左侧模块190像素宽度和右侧模块750像素宽度，这两个模块之间间隔10像素，如图6-8所示。

图 6-7 "整页设计"页面中 950 像素参考线

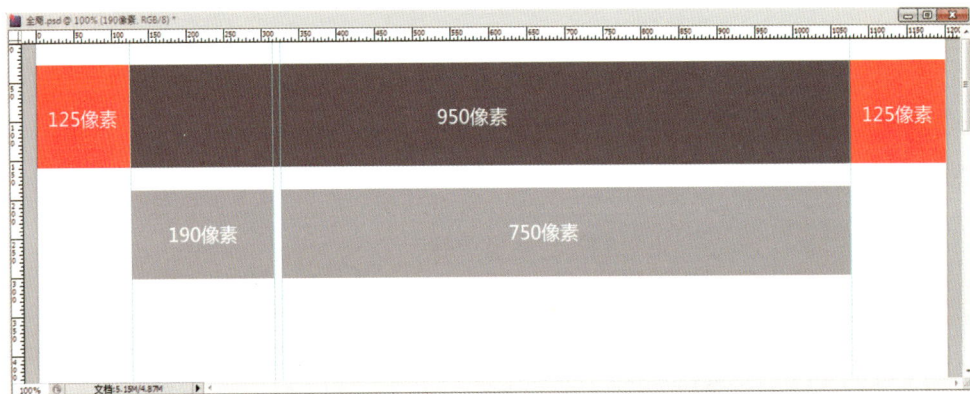

图 6-8 "整页设计"页面中 190 像素、750 像素参考线

3. 制作 950 店招

店招的尺寸：宽度为950像素，高度为150像素。招牌制作的操作步骤如下。

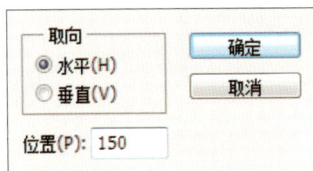

图 6-9 添加参考线

1）添加一条取向为水平，位置为150像素的参考线，如图6-9所示。

2）新建组，设置组名为"招牌"，选中"招牌"组中的新建图层。

3）添加一条取向为水平，位置为120像素的参考线，给导航条预留30像素高的空间，如图6-10所示。

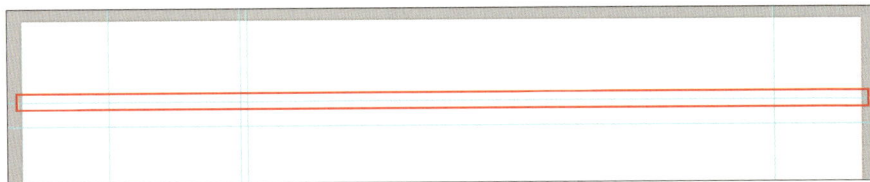

图 6-10 店招导航预留参考线

4）选择"文件"→"置入"命令，将LOGO置入"整页设计"页面，如图6-11所示。

5）被置入的商品图会带有自由变化选框。将鼠标指针放在自由变换选框4个角的任意一点，按Shift+Alt组合键就可实现以中心点为基准的等比例缩小或放大操作，如图6-12所示。

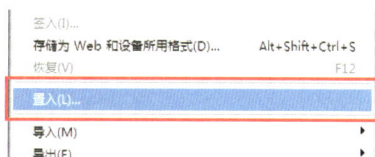

图 6-11　"置入"菜单命令

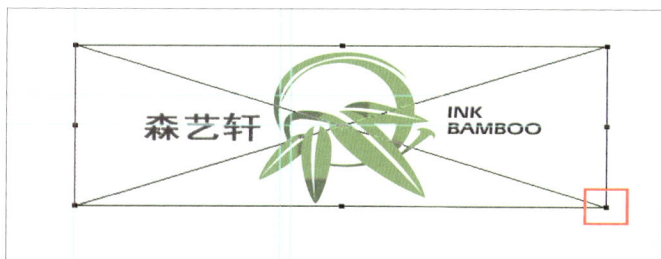

图 6-12　调整图片的大小

6）将商品图缩放到合适的大小，按Enter键完成缩放，如图6-13所示。

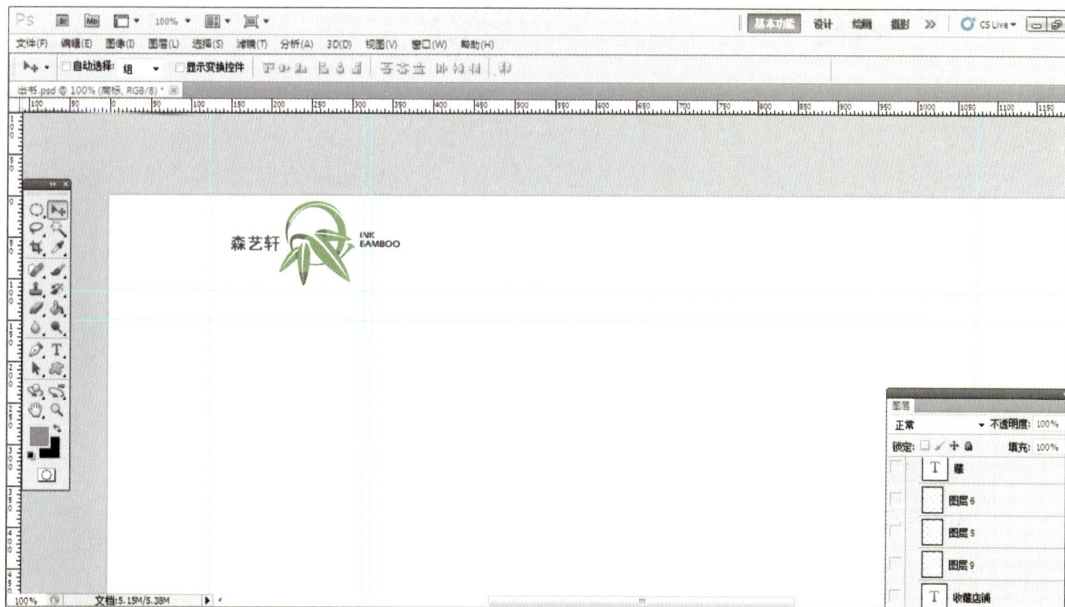

图 6-13　缩放后效果

7) 置入爆款商品图，如图6-14所示。

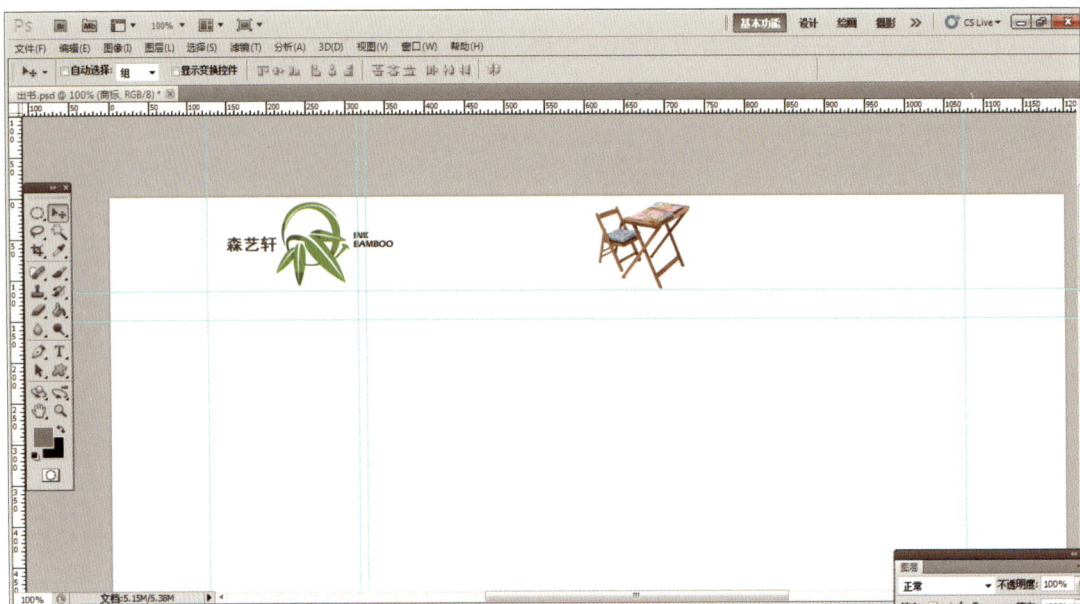

图6-14　爆款商品置入效果

8) 创建一个新图层，选择椭圆选框工具，按住Shift键画一个正圆，选择前景色的颜色值为#c40001，按Alt+Delete组合键填充，效果如图6-15所示。

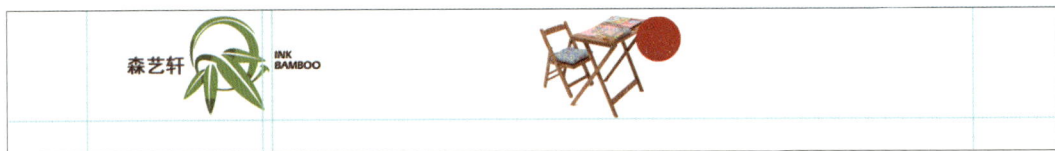

图6-15　圆形填色效果

9) 使用横排文字工具输入"镇店之宝"4个字，将光标通过方向键移动到"镇店"和"之宝"中间，如图6-16所示。

10) 按Enter键将"之宝"两个字换至第2行，如图6-17所示。

图6-16　输入文字

图6-17　文字换行

11) 选择"窗口"→"字符"命令，如图6-18所示。

12) 在"字符"面板中，调整行距为55。

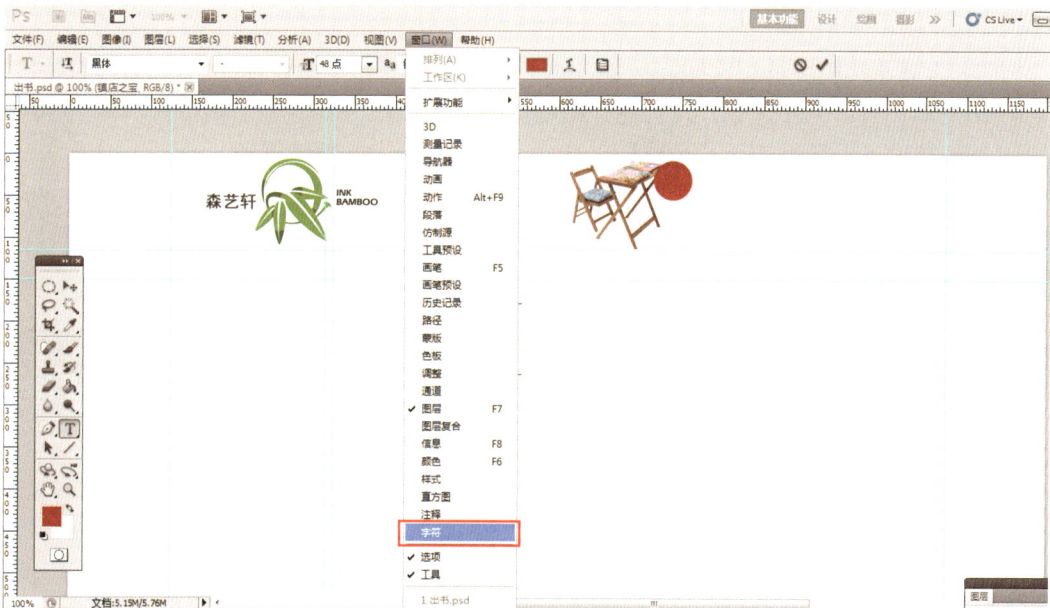

图6-18 选择"字符"命令

13）按Ctrl+T组合键使用自由变换工具，将文字缩小到可以放置到圆形图中，并修改文字颜色为白色，如图6-19所示。

图6-19 "镇店之宝"最终效果展示

14）将收藏素材图移动至店招中，如图6-20所示。

图6-20 收藏效果

15）将手机店铺二维码放入店招中，如图6-21所示。

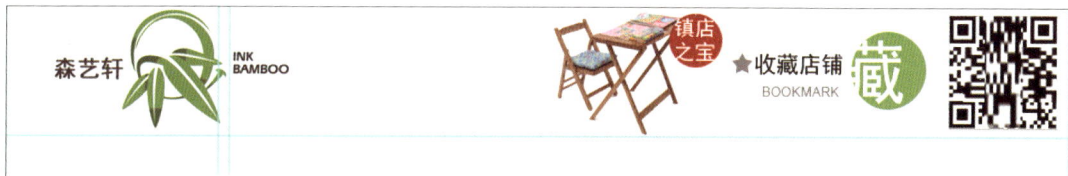

图6-21 店招最终效果

4．制作店铺导航

网店店铺导航模块是买家访问店铺各页面的快捷通道。下面要设计制作的导航尺寸宽度为950像素，高度为30像素。设计制作的操作步骤如下。

1）新建组，设置组名为"导航"，选中"导航"组中的新建图层。

2）选择矩形选框工具，在工具属性栏中设置样式为固定大小，宽度为950像素、高度为30像素，在页面中单击，自动生成一个宽度为950像素、高度为30像素的矩形选框，将其放置在合适的位置，如图6-22所示。

图 6-22　导航选区

3）使用辅助色代码色号#81ac41，按Alt+Delete组合键填充前景色，如图6-23所示。按Ctrl+D组合键取消矩形选框。

图 6-23　导航背景填色

4）按T键选择横排文字工具，输入导航文字，在工具属性栏中，设置文字字体、文字大小、文字颜色，设置消除锯齿的参数，如图6-24所示。

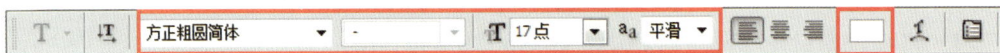

图 6-24　文字属性设置

5）设置"优惠活动""限时特价"两栏的文字参数，如图6-25所示。

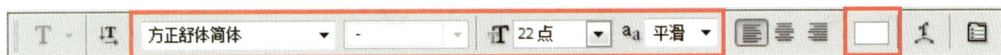

图 6-25　特别文字属性设置

6）对齐文字，最终效果如图6-26所示。

图 6-26　导航最终效果

5．制作促销图

不管是线下传统的营销还是网络销售过程，都需要漂亮而又能吸引买家眼球的广告。而在网络店铺运营中，如果有促销活动或节日活动等，都需要制作精美的广告促销图片来吸引买家的眼球。

下面要制作的促销图主要用于宣传本店的爆款，宽度为950像素，高度为500像素。设计制作的操作步骤如下。

1）添加一条距离上个模块区域500像素间距的水平线，如图6-27所示。

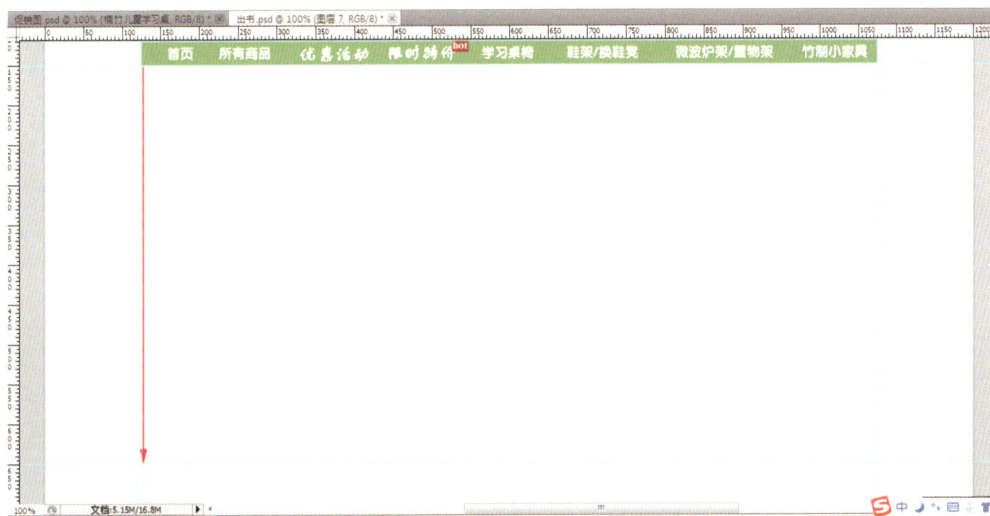

图 6-27　设置促销区域参考线

2）创建新组，命名为"促销图"，如图6-28所示。

图 6-28　创建新组

3）打开商品背景图，按Ctrl+T组合键将商品图片缩放到合适大小，选择"滤镜"→"模糊"→"高斯模糊"命令，半径值设置为8，对素材局部进行模糊，如图6-29所示。

4）将预先用钢笔工具抠好的学习桌模特图移动到背景层上，如图6-30所示。

5）新建图层，用矩形选框工具画一个矩形，选择前景色为白色，按Alt+Delete组合键填充，如图6-31所示。

图 6-29　背景素材模糊

图 6-30　放置模特图

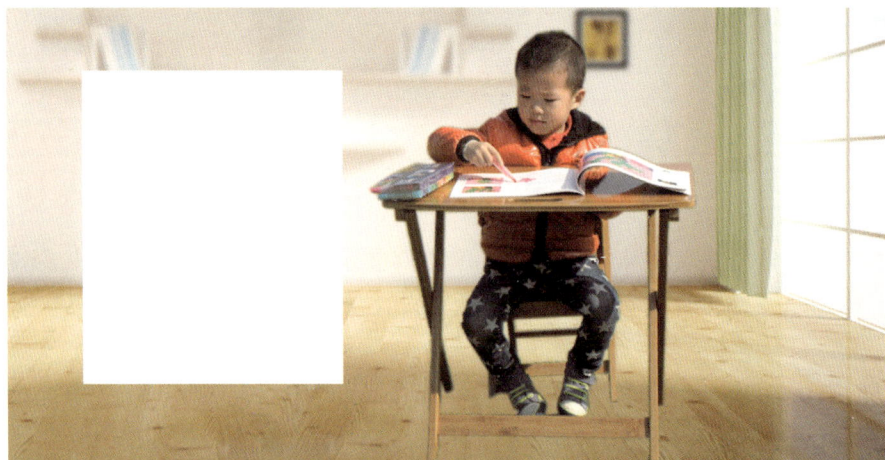

图 6-31　白色矩形

6）输入文字"楠竹儿童学习桌"，并对其加投影效果，如图6-32所示。

7）新建图层，选择矩形选框工具，选择前景色的颜色值为#6e6e6e，按Alt+Delete组合键填充。

8）输入文字"促销价""RMB""起"，调整至合适的大小和位置。设置颜色值为#c40001，输入"115"，如图6-33所示。

图6-32 输入排版文字（一）

图6-33 输入排版文字（二）

9）将坐垫素材移动到背景层上，如图6-34所示。

图6-34 放置赠品

10）新建图层，选择多边形套索工具建立梯形选区，如图6-35所示。

11）选取滴管工具，吸取模特衣服上的橙色，按Alt+Delete组合键填充前景色，按Ctrl+D组合键取消选取，如图6-36所示。

图6-35　画不规则选区　　　　　　　　　　　　图6-36　填色

12）选择横排文字工具，设置字体属性为方正大黑简体、22点、平滑。选择"送"字，设置它的颜色值为#e0ee3f，48点，按Ctrl+T组合键，调整其方向，最终效果如图6-37所示。

图6-37　输入排版文字

13）按Ctrl+S组合键保存，最终促销图的效果如图6-38所示。

6．制作优惠券

淘宝中的店铺优惠券是一种促销手段，一般放置在首页中，可以根据自己的需求制作不同面值的优惠券，如3元、5元、10元等，下面介绍制作优惠券的方法。

1）选择矩形选框工具，在属性栏中设置样式为固定大小，高度为20像素，在页面中单击，并移动到相应位置，且拖动一条水平参考线至矩形底边，如图6-39所示。

2）新建一图层，用矩形选框工具画一个宽度为950像素、高度为75像素的矩形，设置前景色为#81ac41，按Alt+Delete组合键进行填充，并按Ctrl+D组合键取消选区，如图6-40所示。

图6-38　促销图最终效果

图6-39　板块之间预留区域

图6-40　填充底色

3）新建图层，画一个颜色偏深的小矩形，放置在左侧，按Alt+Shift组合键移动并复制一个放置在右侧，如图6-41所示。

图 6-41　绘制深色小矩形

4）新建图层，画一个矩形，将其填充为白色，设置图层的透明度为55%，用橡皮擦工具，将其三等分，如图6-42所示。

图 6-42　白色透明装饰

5）输入相应的促销优惠券文字，并对其进行格式设置及排版，最终效果如图6-43所示。

图 6-43　优惠券最终效果

7. 制作自定义栏目

系统自带的栏目格式都是固定样式的。整页设计时，可以单独设计一款适合整页模块搭配的栏目。设计制作的步骤如下。

1）新建一条垂直位置为600像素的参考线。

2）选择横排文字工具，设置其颜色值为#323232，输入"学习桌"，如图6-44所示。

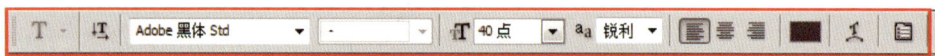

图 6-44　文字属性

3）输入分类文字，效果如图6-45所示。

图 6-45　自定义板块效果

4）新建图层，将学习桌的海报素材移动至文字下方，效果如图6-46所示。

图 6-46 自定义板块添加海报后的效果

8. 制作商品展示区

一个商品类目下往往有不同规格的多种商品，也可以将其展示在首页中，但需要注意的是如何突出销量好的商品。可以采用大小区分方法，将重要的具体商品用大图展示，其他的商品尺寸相对较小，然后将商品进行排列。其制作方法与前面类似，不再赘述，最终效果如图6-47所示。

图 6-47 商品展示区效果

9. 制作页尾

店铺页尾可以放置店铺联系方式、产品说明及使用方法、产品快递查询、注意事项等。页尾也可以放置导航，让顾客重新选择所需的产品。具体制作步骤如下。

1）先将店铺页尾用两条垂直参考线划分为三个区域，用两条水平参考线设置页尾的区域，效果如图6-48所示。

图 6-48 添加设置参考线

2）新建图层，选择魔术棒工具单击第一区域，选择前景色的颜色值为#81ac41，按

Alt+Delete组合键进行填充，如图6-49所示。

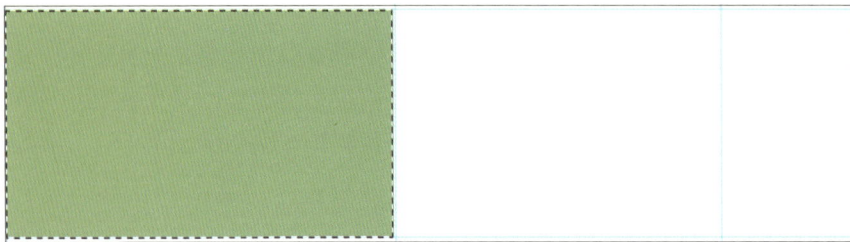

图 6-49　填背景色

3）新建图层，选择直线工具，颜色为白色，粗细为3像素，按住Shift键画几条直线，如图6-50所示。

图 6-50　画直线

4）输入文字，如图6-51所示。

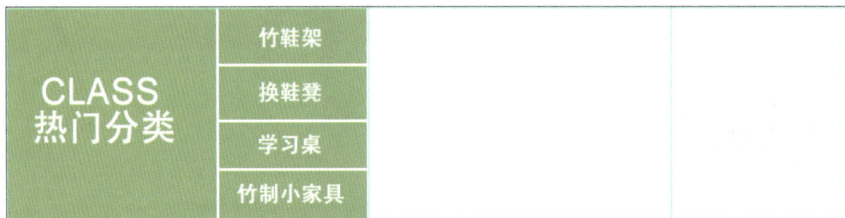

图 6-51　输入排版文字

5）第二区域跟第一区域制作方法相似，第三区域放置店铺的二维码，如图6-52所示。

图 6-52　页尾最终效果

这个模块制作完毕后，"整页模块"的设计制作就全部完成了。将页面中的所有参考线删除，会发现建立的画布高度剩余一截未用到的部分，可以通过裁剪工具将其裁切掉。这样完整的整页设计图就完成了。

单元 7

综合实例——商品详情页制作

单元简介

对于一般顾客来说，商品详情页就是在网上店铺看见一个商品，打开所看到的页面，该页面是有关于商品的大图和商品的详细介绍。面对越来越挑剔的淘宝消费者，卖家只有从商品详情页的设计上下足功夫，才能吸引买家的注意力。

众所周知一个给力的商品详情页，不仅能瞬间刺激消费者的视觉，增加网页浏览量，还能促进商品的成交量和收藏量。商品详情页是唯一一个向顾客详细展示商品细节与优势的地方，是提高转化率的首要入口。

一个好的商品详情页就像专卖店里一个好的推销员，面对各式各样的客户，一个用语言打动消费者，一个用视觉传达商品的特性。所以，商品详情页设计是决定交易能否达成的关键。

研究发现，60%的文字信息用户是不会仔细阅读的，可见简单地用文字阐述商品的详情是行不通的。那么，商品详情页的制作，要怎样才能具有吸引力？怎样才能抓住消费者的购物心理呢？

本单元将详细讲解商品详情页装修的相关知识和技能。本单元的主要内容如下。

1. 商品详情页的制作要点。
2. 商品核心页面的设计制作。

7-1　商品详情页的设计要点

1. 商品详情页的组成

商品详情页主要由页面头部、页面底部、侧面和商品核心页面4个模块组成。每个模块包含的内容有所不同，侧重点也不一样。商品详情页的组成如图7-1所示。

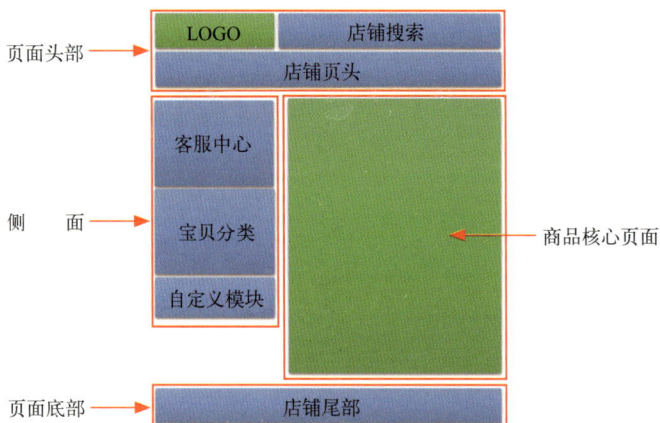

图 7-1　商品详情页的组成

1）页面头部，有LOGO、店招等。

2）页面底部，与头部展示风格呼应。

3）侧面，有客服中心、店铺公告（工作时间、发货时间）、商品分类、自定义模块（如销量排行榜）等，展示清晰即可。

4）商品核心页面，单件商品的具体详情展示，是顾客最关注的部分，也是详情页设计是否成功的关键因素。

2. 商品核心页面的组成及尺寸

淘宝买家最关注的是详情页的核心页面，它也是让顾客产生购买欲望的关键，那么究竟需要展示商品的哪些内容呢？

商品核心页面基本包含以下11个方面。

1）商品的基本信息表。

2）整体展示，如场景展示、摆拍展示等。

3）细节展示，如各部分材质、图案、做工、功能等。

4）产品规格尺码。

5）品牌介绍。

6）搭配推荐。

7）活动促销信息。

8）买家反馈信息，如好评如潮（可选用）。

9）包装展示，一个好的包装能体现店铺的实力，给顾客放心的购物延续体验。

10）购物须知，如邮费、发货、退换货、衣服洗涤保养、售后问题等。

11）商品延伸区块，如其他关联商品、热销商品推荐。

另外，由于淘宝页面宽度一般都是统一的，所以详情页面的尺寸也有严格的要求。具体尺寸要求如表7-1所示。

表7-1　商品详情页面的尺寸

页　面	宽　度	高　度
淘宝	750 像素	不限
天猫	790 像素	不限

注意：页面高度是没有限制的，看需要介绍商品的哪些情况，2000到20000像素都是有可能的。

7-2　商品详情页的制作

商品详情页设计的重点是核心页面的设计，所以本节就以核心页面的设计和制作为实例。

在实际的运用当中，核心页面不一定要面面俱到，包含所有的组成部分。最重要的是要设计一个结构合理、图文并茂、重点突出、能吸引客户眼球的核心页面。现在，就以世界非物质文化遗产龙泉青瓷为例，来设计和制作《冰清玉洁壶（梅子青）》详情页的核心页面。

在制作之前，首先要有清晰的设计思路。只有提前构思，做得全面，才能吸引顾客。因为初学者都是开普通淘宝店铺的，所以以普通淘宝店铺（宽度750像素，高度不限）为例。

本例不包含页面头部、页面底部和侧面，具体将分为图7-2所示的6个部分。

本例部分素材取自网络，产品图片版权来自龙泉"花生米"网店。本节将分为7个模块进行详细阐述。其中前6个模块为核心页面部分，最后一个模块是对前面6个模块的整合。

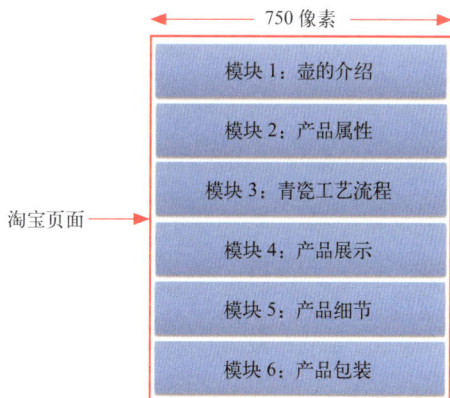

图 7-2　商品详情页的组成部分

1. 壶的介绍

1）新建一个750像素×700像素的空白文档，背景色为白色，文件命名为"茶壶详情页.psd"，如图7-3所示。

2）选择"文件"→"打开"命令，打开"大山.jpg"素材图像，如图7-4所示。

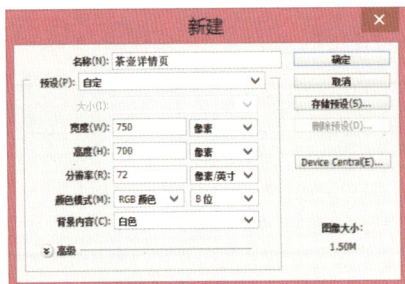

图 7-3　"新建"对话框

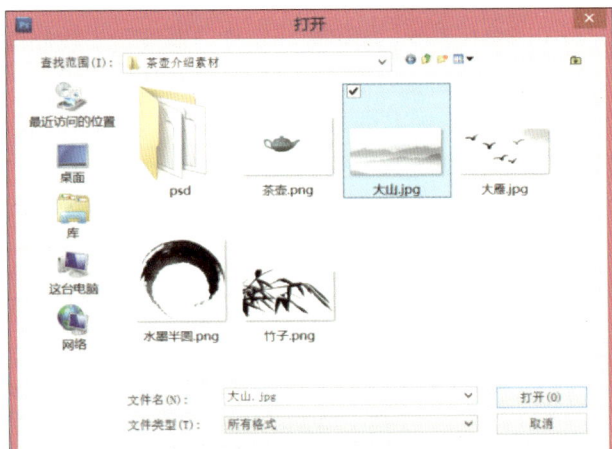

图 7-4　打开文件

3）用移动工具把图像"大山.jpg"移到新建文件的最底端，再按Ctrl+T组合键，按住Shift（防止图像变形扭曲）并根据需要调整图像的大小，最后按Enter键确认，效果如图7-5所示。

4）选择"文件"→"打开"命令，分别打开"竹子.jpg"和"大雁.jpg"素材图像，用移动工具将其移到文件左上角和右上角，并按住Shift键调整图像"竹子.jpg"和"大雁.jpg"的大小，效果如图7-6所示。

图 7-5　移动图像结果

图 7-6　补充素材

5）选择"文件"→"打开"命令，打开"茶壶.jpg"素材图像，用移动工具将其移到新建文件下方，并调整图像的大小，效果如图7-7所示。

6）选择"文件"→"打开"命令，打开"水墨半圆.jpg"素材图像，用移动工具将其移到新建文件中合适的位置，并调整图像的大小，效果如图7-8所示。

图 7-7　调整素材

图 7-8　调整效果

7）使用横排文字工具，在水墨半圆内输入"壶"字，并根据需要设置字体、颜色以及大小等，效果如图7-9所示。

8）使用竖排文字工具，在"壶"字下面输入说明文字，并根据需要设置文字的字体、颜色以及大小等，效果如图7-10所示。

图 7-9　输入"壶"

图 7-10　输入说明文字

9）最后，将源文件保存到指定位置，并保存为JPG格式，以便需要时使用。

2．产品属性

1）用横排文字工具，输入介绍性文字。

2）设置文字的格式，调整文字的位置，效果如图7-11所示。

品　名：冰清玉洁壶	材　质：瓷	颜色分类：梅子青
容　量：140 ml	价格区间：50～100元	适用人数：6人
产　地：浙江龙泉	茶餐具工艺：青瓷	主图来源：自主实拍图

图 7-11　输入文字

3．青瓷工艺流程

1）使用横排文字工具，输入最上面的两行文字，并根据需求设置文字格式，效果如图7-12所示。

2）选择"文件"→"打开"命令，打开"手工拉坯.jpg"素材图像，用移动工具将其移到"茶壶详情页.psd"文件中，按Ctrl+T组合键，将该图像顺时针旋转45°，然后按Enter键确定。

3）选择矩形选框工具，然后按住Shift键，在图中绘制一个大小合适的矩形区域，如图7-13所示。

图 7-12　输入文字

图 7-13　绘制矩形选区

4）按Ctrl+C组合键，复制图中被矩形选框选中的部分，按Ctrl+V组合键，将图片复制到文档中，并移动到相应位置，如图7-14所示。

5）删除原图"手工拉坯.jpg"，再按Ctrl+T组合键，将复制的手工拉坯图像逆时针旋转45°，并对其大小进行适当的调整，然后按Enter键确认，效果如图7-15所示。

图 7-14　复制图形

图 7-15　调整图形

6）重复步骤3）～6），用同样的方法制作"手工修坯"和"高温烧制"图片，效果如图7-16所示。

7）新建一个图层，使用矩形选框工具在该图层上选取一个长矩形，用油漆桶工具填充上灰色，效果如图7-17所示。

图 7-16　补充素材

图 7-17　添加矩形

8）使用铅笔工具，按住Shift键，在刚才绘制的灰色矩形下面画一条线段，效果如图7-18所示。

9）使用竖排文字工具，在灰色矩形上输入"高温烧制"。然后使用竖排文字工具输入一些说明文字，并根据需求设置文字格式，效果如图7-19所示。

图 7-18　画线段

图 7-19　设置文字格式

10）重复步骤8）～10），制作"手工修坯"和"手工拉坯"说明文字。最终效果如图7-20所示。

图 7-20　最终效果

4．产品展示

1）选择"文件"→"打开"命令，打开"茶壶.jpg"素材图像，用移动工具将其移到"茶壶详情页.psd"文件中，按Ctrl+T组合键，并调整图像的大小，效果如图7-21所示。

2）选择矩形选框工具，在"茶壶.jpg"图像上绘制一个大小合适的矩形区域，如图7-22所示。

图 7-21　打开文件

图 7-22　绘制矩形区域

3）按Ctrl+C组合键，复制图中被矩形选框选中的部分，按Ctrl+V组合键，将图片复制到文档中，同时删除原图"茶壶.jpg"，并将复制图像移动到相应位置，效果如图7-23所示。

4）新建一个图层，选择画笔工具（笔触选择：粗边圆形钢笔，大小为120像素），按住Shift键，绘制一个浅灰色底纹，效果如图7-24所示。

图 7-23　删除及复制操作

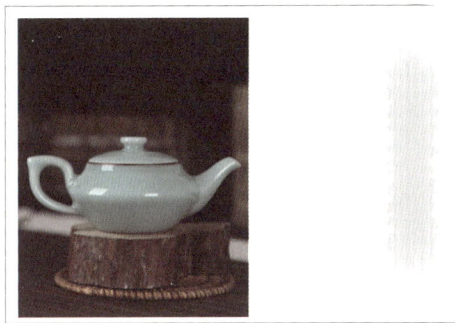

图 7-24　绘制底纹

5）选择竖排文字工具，在画笔工具绘制的底纹上输入标题文字"正宗·青瓷"4个字，文字的字体格式自行设置，效果如图7-25所示。

6）选择竖排文字工具，在图像与标题之间输入相关说明文字，并根据实际需求设置文字的字体格式，效果如图7-26所示。

图 7-25　输入文字

图 7-26　设置文字格式

7）重复以上步骤，制作整体展示第二部分，仅改变文字和图片的左右位置，效果如图7-27所示。

图 7-27　制作整体展示第二部分

5．产品细节

细节的展示主要是为了让顾客对商品有进一步的了解，只有在细节上吸引顾客的注意，才能激起顾客购买的欲望，所以细节展示部分的设计和制作是重中之重。

1）选择"文件"→"打开"命令，打开"茶嘴.jpg"素材图像，用移动工具将其移到"茶壶详情页.psd"文件中，按Ctrl+T组合键，并调整图像的大小，效果如图7-28所示。

2）在"茶壶.jpg"图像所在图层上方新建一个图层，选择矩形工具，绘制一个大小合适的白色矩形，效果如图7-29所示。

图 7-28　打开文件

图 7-29　绘制矩形区域

3）新建一个图层，选择画笔工具（笔触选择粗边圆形钢笔，大小为80像素），按住Shift键，绘制一个浅灰色底纹，效果如图7-30所示。

4）选择竖排文字工具，在画笔工具绘制的底纹上输入"壶嘴"，文字的字体格式自行设置。

5）选择竖排文字工具，在下方空白处输入相关说明文字，并根据实际需求设置文字的字体格式，最终效果如图7-31所示。

图 7-30　绘制底纹

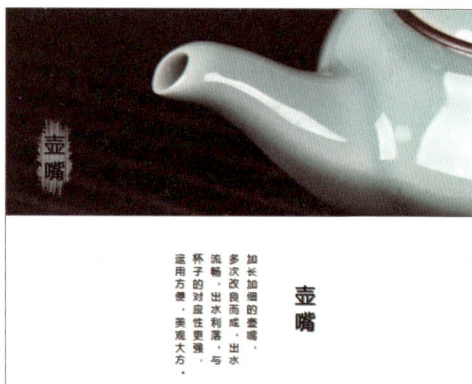

图 7-31　产品细节的制作效果

6）重复以上步骤，制作细节展示剩余的两个部分，仅改变文字和图片的位置，最终效果如图7-32～图7-34所示。

图 7-32　效果（一）

图 7-33　效果（二）

图 7-34　效果（三）

6. 产品包装

产品包装很重要，直接影响了销售数量。琳琅满目的商品中，能勾起顾客购物欲望的除了产品本身，就是精美的包装了。一个产品的包装直接影响顾客的购买心理，产品的包装是最直接的广告。

1）选择"文件"→"打开"命令，打开"包装1.jpg"素材图像，然后选择"图像"→"图像大小"命令，弹出图7-35所示的对话框，在其中将宽度由2400像素"约束比例"设置为1000像素，最后用移动工具将该图移到"茶壶详情页.psd"文件中。

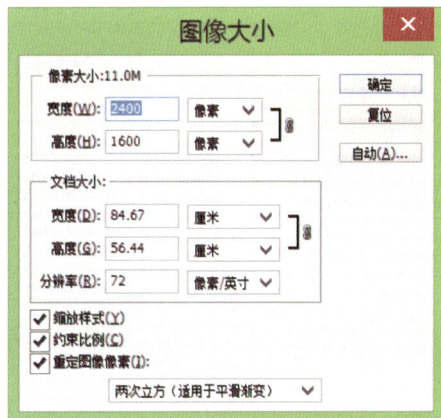

图 7-35　"图像大小"对话框

2）新建一个图层，选择画笔工具（笔触选择粗边圆形钢笔，大小为120像素），按住Shift键，绘制一个浅灰色底纹。

3）选择竖排文字工具，在画笔工具绘制的底纹上输入标题文字"包装"二字，文字的字体格式自行设置，效果如图7-36所示。

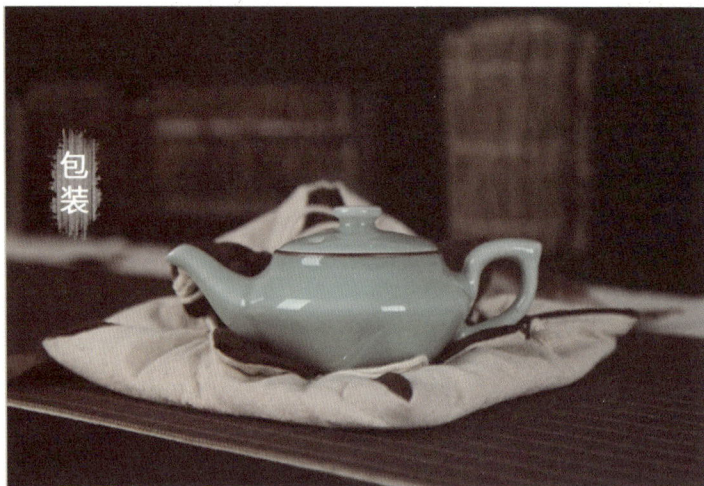

图7-36　输入文字

4）选择"文件"→"打开"命令，打开"包装2.jpg"素材图像，然后选择"图像"→"图像大小"命令，弹出如图7-35所示的对话框，在其中将宽度由2400像素"约束比例"设置为750像素。

5）选择椭圆选框工具，按住Shift键，绘制一个正圆选框，如图7-37所示，按Ctrl+C组合键，复制选中的部分。

6）单击"茶壶详情页.psd"文件，按Ctrl+V组合键，粘贴刚复制的图片，并根据需要调整图片的大小。

7）按住Ctrl键，单击粘贴图片所在图层的"图层缩览图"，该图将被选中，效果如图7-38所示。

图7-37　绘制圆形选区

图7-38　选择图片

8）选择"编辑"→"描边"命令，弹出的对话框如图7-39所示，宽度设置为2像素，颜色为接近青瓷的青色，然后按Ctrl+D组合键，最后取消选择，最终效果如图7-40所示。

图 7-39　"描边"对话框

图 7-40　最终效果

7. 说明文字的制作

1）在"茶壶详情页.psd"文件中选择铅笔工具，按住Shift键，绘制一条像素为1的线段，效果如图7-41所示。

图 7-41　绘制线段

2）选择"文件"→"打开"命令，打开"茶壶.psd"文件，用移动工具将该文件中的茶壶移到"茶壶详情页.psd"文件中，按Ctrl+T组合键，并调整图像的大小，效果如图7-42所示。

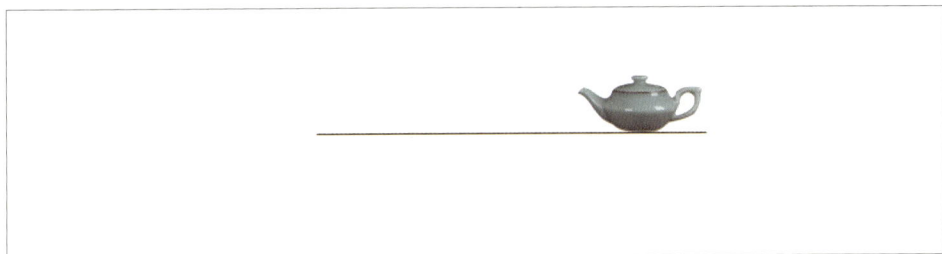

图 7-42　移动图案

3）按住Ctrl键，单击茶壶图片所在图层的"图层缩览图"，该茶壶将被选中，效果如图7-43所示。

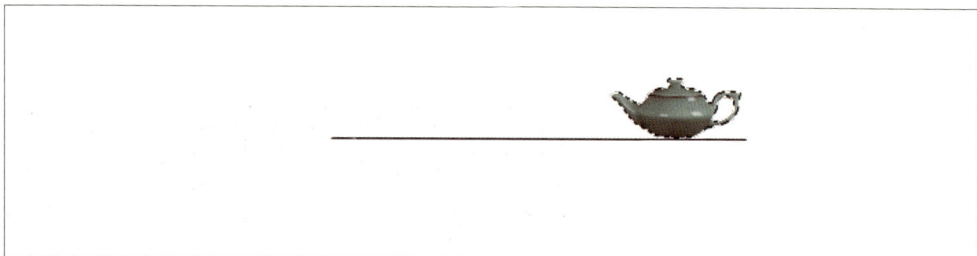

图 7-43　选中茶壶

4）按Delete键，删除茶壶内部，效果如图7-44所示。

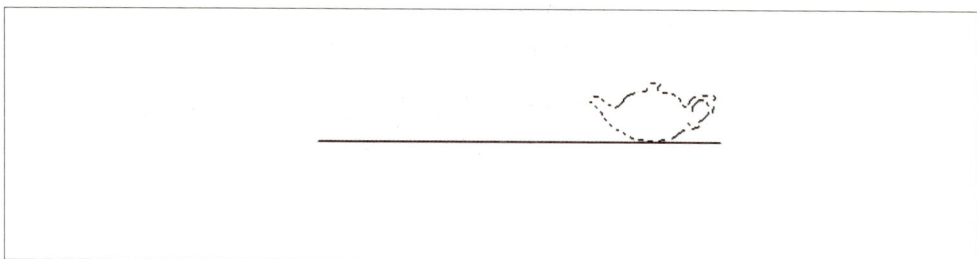

图 7-44　删除茶壶内部

5）选择油漆桶工具，将前景色改为灰色，然后单击被选择的虚线茶壶，再按Ctrl+D组合键，取消选择，效果如图7-45所示。

图 7-45　填充灰色

6）新建一个图层，选择椭圆选框工具，按住Shift键绘制一个圆形选框，将前景色设置为接近青瓷的颜色，按Alt+Delete组合键，填充前景色，然后按Ctrl+D组合键，取消选择，效果如图7-46所示。

图 7-46　绘制选区并填色

7）选择横排文字工具，输入文字"产"，将字体大小设置为66点，字体设置为隶书（可根据自己的喜好设置）。然后双击"产"字所在图层，弹出图7-47所示的"图层样式"对话框，并选中"投影""外发光"以及"斜面和浮雕"复选框，效果如图7-48所示。

图 7-47　"图层样式"对话框

图 7-48　效果图

8）选择文字工具，并在"产"字后面输入完整的文字，最终效果如图7-49所示。

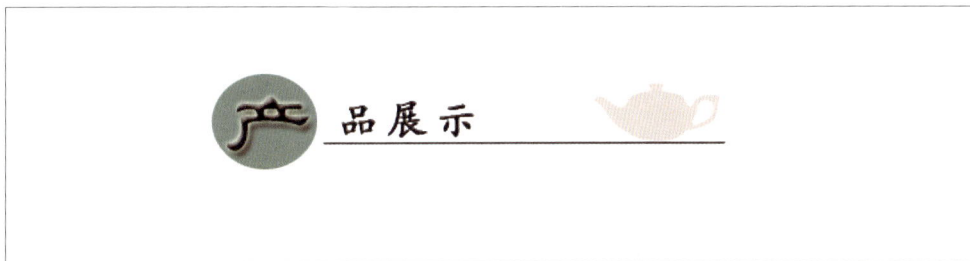

图 7-49　输入文字效果

9）只需将"产品展示"4个字改成其他的文字，即可达到同样的图文效果，这里不再重复。制作的效果如图7-50所示。

图 7-50　最终效果

商品详情页最终效果如图7-51所示。

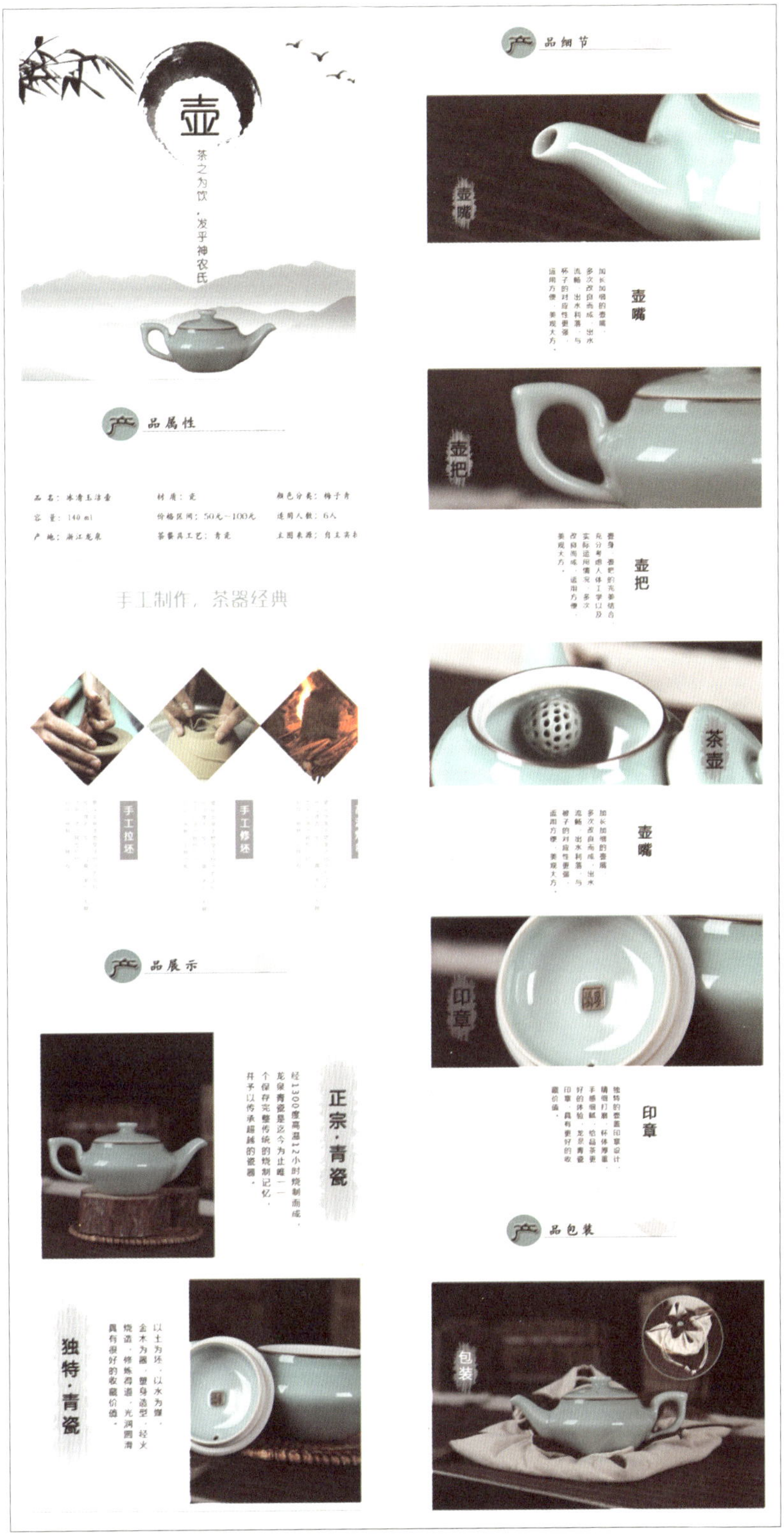

图 7–51　商品详情页最终效果